全国高等学校"十二五"生命科学规划教材

高等师范院校生物学系列实验教材

生物化学
实验指导

Shengwu Huaxue Shiyan Zhidao

主 编 张丽萍 魏 民 王桂云

编 者 （按姓氏笔画排序）

王述声 王桂云 田美红 台桂花 朱 梅

吴明江 张丽萍 张丽霞 邸 瑶 周晓馥

房金波 倪秀珍 郭志欣 魏 民

高等教育出版社·北京

HIGHER EDUCATION PRESS BEIJING

图书在版编目（CIP）数据

生物化学实验指导 / 张丽萍，魏民，王桂云主编. 一北京：高等教育
出版社，2011.9（2012.1 重印）
ISBN 978-7-04-033246-9

Ⅰ.①生…　Ⅱ.①张…②魏…③王…　Ⅲ.①生物化学－化学实验－
师范大学－教学参考资料　Ⅳ.①Q5-33

中国版本图书馆CIP数据核字(2011)第188203号

策划编辑　王　莉　　责任编辑　高新景　　封面设计　张志奇　　责任印制　张泽业

出版发行	高等教育出版社	咨询电话	400-810-0598	
社　　址	北京市西城区德外大街4号	网　　址	http://www.hep.edu.cn	
邮政编码	100120		http://www.hep.com.cn	
印　　刷	中国农业出版社印刷厂	网上订购	http://www.landraco.com	
开　　本	787×1092 1/16		http://www.landraco.com.cn	
印　　张	10.25	版　　次	2011年9月第1版	
字　　数	250 000	印　　次	2012 年 2 月第 2 次印刷	
购书热线	010-58581118	定　　价	19.00元	

本书如有缺页、倒页、脱页等质量问题，请到所购图书销售部门联系调换
版权所有　侵权必究
物 料 号　33246-00

数字课程

生物化学
实验指导

登录方法：

1. 访问 http://res.hep.com.cn/33246
2. 输入数字课程账号（见封底明码）、密码
3. 点击 "LOGIN"、"进入 4A"
4. 进入学习中心，选择课程

账号自登录之日起一年内有效，过期作废。
使用本账号如有任何问题，
请发邮件至：lifescience@pub.hep.cn

登录以获取更多学习资源！

全国高等学校"十二五"生命科学规划教材
高等师范院校生物学系列实验教材

生物化学实验指导

主编 张丽萍 魏民 王桂云

内容介绍 | 纸质教材 | 版权信息 | 联系方式

4a 学习中心

欢迎登录

账号 ▢

密码 ▢

LOGIN

内容介绍

　　本数字课程主要包括生物化学实验设备的装置图、实验结果彩色照片、背景知识拓展、多媒体教学课件、视频资源、实验室安全知识等。

　　为配合师范生教育，本数字课程还包括与中学生物学实验教学相关的数字化教学资源，有对现有中学实验局限性的分析、实验背景知识的补充、实验设计的拓展、实验注意事项、实验中常见问题的解析以及中学生物学综合性、研究性实验教学案例等。

http://res.hep.com.cn/33246

序

　　东北师范大学生命科学学院的生物学实验课程经过多年的建设与实践,已经形成自己的特色。在实验课程建设方面,我们一直本着水平和特色两兼顾的原则。首先,实验课程是生物学教学过程中的一个必要而且重要的环节,应该保证其先进性。随着实验手段的进步和更新,实验课程的内容也不断扩展和完善。第二,实验课程设计应该有它的特色,这种特色主要体现在对实验内容的选择和教学方式的使用。这两个基本原则是我们编写这套实验教材的指导思想。

　　本套实验教材涵盖了生物学基础实验核心课程,其特色有三:①实用性。本套实验教材是在学院多年实验教学实践的基础上编写的,具有较好的实用性。②立体化。主要表现在教材内容分为两个部分,一部分呈现在纸质教材中,另一部分以网络版的数字课程形式展示给读者,这样大大丰富了教材的知识体系。③师范性。本套教材体现了本科实验教学对中学生物学实验教学的直接指导和全面拓展。师范大学生物学教学与中学生物学教学的脱节是长期存在的问题,在实验教学中也存在同样的现象。在本套教材中,我们尝试着将本科生物学教学与中学生物学教学的知识相关联,为学生将来从事中学生物学实验教学打下基础,起到一定的指导作用。与中学生物学相关内容的衔接和指导主要是在数字课程中体现。这样,既保证了教材中实验知识体系的完整性,也可以利用立体化教材的特点,在互联网上以多种媒体形式体现,对中学生物学教学进行指导。希望这些新的尝试能够促进生物学实验教学的改革。

"高等师范院校生物学系列实验教材"编委会

2011 年 8 月

前　言

生物化学实验方法与技术是从事生命科学研究的工作者所必备的知识与技能。实验教学是培养高质量人才的重要环节。随着科学的飞速发展,生物化学的理论知识、研究方法和技术手段不断推陈出新,日益呈现出高度综合化的发展趋势。传统的生物化学实验教学模式已无法解决有限的课程容量、有限的教学资源与不断膨胀的学科知识及不断提高的课程教学目标间的矛盾。

东北师范大学生命科学学院以世行贷款21世纪初高等教育教学改革项目"生物学实验教学培养学生创新思维和创新能力的研究与实验"、教育部国家理科基地名牌课"生物化学实验"建设项目为载体,对生物化学实验教学改革进行了积极的思考与探索。在多年的生物化学实验教学实践中,力求突出以下特点:①强调教学内容的整合。如以实验技能分类整合课程内容,或以"研究性"、"综合性"实验题目整合课程内容。②将科研与教学有机结合。大豆育种和多糖生物化学是学院持续多年的特色研究方向,将其中部分科研成果转化为实验教学内容,如"不同大豆品种质量分析"、"中草药中糖类物质的分离与测定"等。③教学内容体现个性化。在某些教学板块设置选作内容,为学生提供自助餐式、选择性学习的空间。④突出教学内容的先进性与实用性。将基础课实验教学与现代科学技术及实际应用接轨。

经过多年的教学实践,我们编写的这部教材共分4篇。

第1篇为基础性实验,除生物化学实验最核心的概念和技术外,适当穿插了现代生物化学实验的新方法、新技术。本篇实验按通用的体例编写。

第2篇为综合性实验,第3篇为研究性实验,这两篇实验为开展研究性的实验教学,已经过多年的探索与实践。培养创新精神是高等教育的核心内容。将基础性实验课程内容整合为综合性、研究性实验,非常有利于研究性实验教学的开展,即为学生创设一种科学研究的情境和途径,让学生以类似科学研究的方式查阅文献资料,收集处理信息,实施实验研究过程,做好观察记录,分析提取实验结果,按论文形式书写研究报告,或以其他方式表达、展示研究成果。开展综合性、研究性实验,需要师资、设备、经费、时间等一系列硬件条件的支撑。近年来实验教学条件有了较大的改善,但随着教学内容的更新,供需间的矛盾仍很尖锐。用整合的思想调整课程体系和教学内容的同时,采取开放式的实验教学方式,发挥教学资源的集成效益,实现课堂教学与课外活动的统一、科研与教学的统一,充分调动教师、实验技术人员及研究生参与,将有效地缓解师生比。第2、3篇设置的综合性、研究性实验案例,是我们对基础性实验内容整合的一些教学经历的总结,其教学理念和具体的教学实施方案望能起抛砖引玉的作用,仅供参考。

第4篇为中学相关生物学实验指导,内容主要包括:总结生物化学学科在《全日制义务教育生物课程标准》和《普通高中生物课程标准》中的相关实验内容,并就实验的设计、操作、改进等方面提出指导性的建议,对实验中常见的问题进行解析与指导。

本教材为立体化教材,包括纸质印刷本和数字课程两部分。数字课程主要包括实验设备的装置图、实验结果彩色照片、背景知识拓展、多媒体教学课件、视频资料、实验室安全知识等。另外,与中学相关的生物化学实验的数字课程还包括对现有中学实验局限性的分析、实验背景知识的补充、实验设计的拓展、实验注意事项、实验中常见问题的解析以及中学生物学综合性、研究性实验教学案例等。数字化教学资源将采取动态开放、不断完善更新的建设模式。

本教材以张丽萍教授、梁忠岩教授编写的生物化学实验讲义为基础,教材中90%的实验都曾在本学院开设过;有10%的实验吸取了其他高校生物化学实验课程的内容,在此深表谢意。编者队伍中除本校教师外,还邀请了安徽大学的王述声、北华大学的朱梅、大庆师范学院的张丽霞、温州大学的吴明江、吉林师范大学的周晓馥、长春师范学院的倪秀珍和通化师范学院的郭志欣等从事生物化学与分子生物学实验教学的教师参加本教材的编写工作。本教材在作为讲义试用阶段以及在编写出版过程中,得到了东北师范大学教务处的立项支持,以及生命科学学院和高等教育出版社领导的关心和支持,在此一并致谢。

本教材错漏与不足之处在所难免,欢迎同行、读者批评、指正。

编　者

2011 年 8 月

目　录

第 1 篇　基础性实验

第 2 篇　综合性实验

第 3 篇　研究性实验

第 4 篇　中学相关生物学实验指导(生物化学篇)

要学好生物化学实验,不仅要有正确的学习态度,还需要科学的学习方法。通常应注意以下4个方面:

一、预习

充分预习是做好实验的前提和保证。只有充分理解实验原理,掌握操作要领,明确所做的实验将要解决哪些问题,怎样去做,为什么这样做,才能主动和有条不紊地进行实验,取得应有的效果。为此,必须做到以下几点:

（1）钻研实验教材,阅读其他参考资料的相关内容,弄懂实验原理,明确做好实验的关键及有关实验操作的要领和仪器用法。

（2）合理安排好实验。如哪个实验反应时间长,哪些实验先后顺序可以调动,从而避免等候使用公用仪器而浪费时间等,做到心中有数。

（3）写出预习报告。例如用反应式、流程图等表明实验步骤,留出合适的位置记录实验数据和实验现象。或设计一个记录实验数据和实验现象的表格等。切忌照抄实验教材。

二、讨论

（1）实验前教师以提问的形式指出实验的关键,由学生回答,以加深对实验内容的理解,并检查预习情况。另外,还可以对上次的实验进行总结和评述。

（2）教师或学生进行操作示范及讲评。

（3）不定期举行实验专题讨论,交流实验方面的心得体会。

三、实验

实验时集中注意力,要认真正确地操作,仔细观察和积极思考,及时和如实地记录。

1. 记录实验数据

最好用表格的形式记录数据,要实事求是,绝不能拼凑或伪造数据,也不能掺杂主观因素。如果记录数据后发现读错或测错,应将错误数据圈去重写(不要涂改或抹掉),简要注明理由,便于找出原因。重复测定时,如果数据完全相同,也要记录下来,因为这是表示另一次操作的结果。

2. 观察实验现象

实验中物质的状态和颜色、沉淀的生成和溶解、气体的产生、反应前后温度的变化等都是应关注的实验现象。对现象观察是积极思维的过程,善于透过现象看本质是科学工作者必须具备的素质。

（1）要学会观察和分析变化中的现象,观察时要善于识别假象。

（2）及时和如实地记录实验现象,学会正确描述。

如果实验现象与理论不符时,应首先尊重实验事实。不要忽视实验中的异常现象,更不要因实验的失败而灰心,而应仔细分析其原因,做些有针对性的对照实验(即用蒸馏水或已知物代替试液,用同样的方法在相同条件下进行实验),以查清现象的来源,检查所用的试剂是否失效,反应条件是否控制得当等。这些都是提高自己科学思维能力和实验技能的重要手段。

四、实验报告

做完实验后,要及时写实验报告,将感性认识上升为理性认识。实验报告要求文字精练,内容确切,书写整洁,有自己的看法和体会。实验报告内容包括以下几部分:

1. 预习部分(实验前完成)

实验目的、简明原理、步骤(尽量用简图、反应式、表格等表示)、装置示意图。

2. 记录部分(实验时完成)

测得的数据、观察到的实验现象。

3. 结论(实验后完成)

包括实验数据的处理,实验现象的分析与解释,实验结果的归纳与讨论,对实验的改进意见等。

4. 可以选择 2~3 个综合性、研究性实验题目,按学术论文形式书写。

　　为便于学生开展研究性学习,生物化学实验室采取开放制。学生进入实验室,应该听从教师(包括参与指导实验的研究生)的指导,并遵守以下实验室规则:

　　1. 自觉遵守实验室纪律,严禁在实验室饮食、吸烟、大声谈笑,或进行与实验无关的活动。

　　2. 使用药品、试剂及其他物品必须注意节约,仪器损坏应如实向教师报告,并填写损失登记表。使用贵重仪器,应严格遵守操作规则,注意保持仪器清洁卫生。

　　3. 药品仪器应整齐摆放在一定位置,用后放回原位。腐蚀性或污染的废物应倒入废液桶或指定容器内。火柴梗、碎玻璃等倒入垃圾箱内,不得随地乱抛。实验完毕,仪器应洗净、控水,将实验台擦拭干净后,才能离开实验室。

　　4. 必须熟悉实验室及周围的环境,如水、电、煤气、灭火器放置的位置。实验完毕后立即关闭水龙头、煤气阀,切断电源。最后离开实验室前,认真检查两次,杜绝一切隐患。

　　5. 有毒、刺激性气体操作应在通风橱中进行。易燃、易爆物操作应远离火源。

　　6. 不能用手直接取药品。加热、浓缩液体时,不能俯视加热液体;加热试管时,试管口不能对着自己或他人。

　　7. 使用有毒试剂(如汞盐、铅盐、可溶性钡盐、砷化物等)时,不得接触皮肤和伤口,更不能进入口内。实验后将废液(包括酸、碱)回收处理,不准倒入下水道。常用酸、碱具有强烈的腐蚀性,不要洒在衣服或皮肤上。

　　8. 不允许将各种化学药品随意混合,以免引起意外事故。自行设计的实验,必须和教师讨论,取得同意后方可进行。

　　9. 实验室内物品未经批准,严禁携带出实验室或转借给他人。

　　10. 值日生认真承担起当天实验室的卫生、安全及相关服务性工作。

第 1 篇

基础性实验

蛋白质(酶)、核酸的分离、制备、理化性质及生物学活性的定性定量分析是生物化学实验最核心的实验方法和技术。本篇所选择的实验中,除包括代表学科特点的实验内容外,还适当涵盖了现代生物化学实验的新方法和新技术。本篇实验不仅有助于学生对生物化学核心概念的理解和运用,而且是学生今后从事生命科学教学和科研所必备的知识和技能。

基础性实验的教学可以按传统方式组织教学,也可以选择几个基础性实验组合成综合性实验教学板块,开展研究性教学。

实验 1

蛋白质浓度测定

1－1   凯氏定氮法测定蛋白质含量

【背景与目的】

实验室常用凯氏定氮法测定天然有机物(如蛋白质、核酸、氨基酸)的含氮量。利用 1 g 氮等于 6.25 g 蛋白质,可以推算出蛋白质的含量。凯氏定氮法是目前检测食品、饲料及农产品蛋白质含量的通用方法。

凯氏定氮法的原理是:用浓硫酸消化天然的含氮有机化合物分解出氨,氨与硫酸化合生成硫酸铵。分解反应进行很慢,可借硫酸铜和硫酸钾(或硫酸钠)来促进,其中硫酸铜为催化剂,硫酸钾或硫酸钠可提高消化液的沸点。加入过氧化氢也能加快反应。在凯氏定氮仪中加入强碱和消化液,使硫酸铵分解放出氨。用水蒸气蒸馏法将氨蒸入过量无机酸溶液中,比如用硼酸溶液来收集氨,此时氨与溶液中的氢离子结合生成铵离子,使溶液中的氢离子浓度降低,然后再用标准无机酸滴定,直至恢复溶液中原来的氢离子浓度为止。所用无机酸的物质的量(mol)即相当于被测样品中氨的物质的量(mol)。本法检测范围为 0.2～1.0 mg 氮。

1. 消化

以甘氨酸的消化过程为例,反应如下:

$$CH_2NH_2COOH + 3H_2SO_4 \underline{} 2CO_2 \uparrow + 3SO_2 \uparrow + 4H_2O + NH_3 \uparrow$$

$$2NH_3 + H_2SO_4 \underline{} (NH_4)_2SO_4$$

2. 蒸馏

$$(NH_4)_2SO_4 + 2NaOH \underline{} Na_2SO_4 + 2H_2O + 2NH_3 \uparrow$$

3. 吸收

$$H_3BO_3(粉红色) + 3NH_3 \underline{} (NH_4)_3BO_3(鲜绿色)$$

4. 滴定及计算

$$3HCl + (NH_4)_3BO_3 \underline{} 3NH_4Cl + H_3BO_3(颜色变回粉红色)$$

(1) 用标准盐酸滴定,恢复溶液中原来氢离子浓度。

(2) 根据所用标准盐酸的物质的量计算出待测液的总氮量。

通过本实验学习微量凯氏定氮法的原理,掌握微量凯氏定氮法的操作技术。

【试剂与仪器】

1. 材料

新鲜大豆

2. 试剂

（1）混合指示剂储备液:取 150 mL 0.1% 溴甲酚绿乙醇溶液与 50 mL 0.1% 甲基红乙醇溶液混合配成,贮于棕色瓶中,备用。本指示剂在 pH = 5.2 时为紫红色,在 pH = 5.4 时为暗蓝色（或灰色）,在 pH = 5.6 时为绿色,变色点 pI = 5.4,所以指示剂的变色范围很窄,比较灵敏。

（2）硼酸指示剂混合液:取 100 mL 2% 硼酸溶液,滴加混合指示剂储备液（大约 1 mL）,摇匀后,溶液呈紫红色即可。

（3）浓硫酸

（4）K_2SO_4、$CuSO_4 \cdot 5H_2O$ 粉末混合物（$K_2SO_4 : CuSO_4 \cdot 5H_2O = 5 : 1$）

（5）400 g/L NaOH 溶液

（6）标准硫酸铵溶液（相当于 0.3 mg 氮/mL）

（7）0.010 0 mol/L 左右标准 HCl 溶液

（8）0.010 0 mol/L 左右 NaOH 溶液

（9）0.010 0 mol/L $KHC_8H_4O_4$

3. 仪器

（1）100 mL 凯氏消化瓶　　　　　　（2）改良式凯氏定氮仪

（3）20 mL 微量滴定管　　　　　　　（4）5 mL 微量滴定管

（5）电子天平　　　　　　　　　　　（6）50 mL 容量瓶

（7）电炉　　　　　　　　　　　　　（8）烘箱

（9）移液管　　　　　　　　　　　　（10）酒精灯

【实验方法】

大豆样品中的含氮量用 100 g 大豆中含氮的 g 数来表示（%）。因此在定氮前,应将大豆样品中的水分除掉。一般样品烘干温度为 105 ℃。

1. 样品处理

（1）称取一定质量的大豆粉（约 0.100 0 g 左右）,记下大豆粉的质量 m_0。

（2）在称量瓶中装一定量磨细的大豆粉样品,置于 105 ℃ 烘箱中烘干 4 h。

（3）用坩埚钳将称量瓶放入干燥器内,降至室温后称重。

按上述操作继续烘干样品,每干燥 1 h 后,称重,直到 2 次称重数值不变。

2. 消化

（1）取 2 个 100 mL 凯氏消化瓶,标号。

（2）1 号加样品约 0.100 0 g,催化剂（$K_2SO_4 - CuSO_4 \cdot 5H_2O$）约 200 mg,浓硫酸 5 mL。

（3）2 号加 0.1 mL 蒸馏水,催化剂（$K_2SO_4 - CuSO_4 \cdot 5H_2O$）约 200 mg,浓硫酸 5 mL。该瓶作为对照,用以测定试剂中可能含有的微量含氮物质。

（4）每个瓶口放一个漏斗,先将凯氏消化瓶放入 80 ℃ 水浴中缓慢分解约 12 h,至消化液呈褐色,滴加 2 滴过氧化氢,然后在通风橱内的电炉上消化约 2 h,直至呈透明淡绿色为止。

（5）消化完毕,待消化瓶中内容物冷却后,将内容物倒入少量蒸馏水中稀释,然后用玻璃棒引流至 50 mL 容量瓶中定容。

3. 蒸馏

（1）改良式凯氏定氮仪(图 1-1)的洗涤

取 5 个 50 mL 的锥形瓶,各加 5 mL 2% 硼酸指示剂混合液(呈紫红色),用表面皿覆盖备用。打开夹子 7,使冷水流入蒸气发生器内球体 2/3 量后关闭夹子 7。将酒精灯放到蒸气发生器 2 下面加热,此时夹子 3 和 8 处于关闭状态。蒸气通反应室 1 到冷凝器 4 外腔,凝成水滴洒落于锥形瓶 9 中。如此用蒸气洗涤反应室约 10 min 后,移去锥形瓶,放上另一个盛硼酸指示剂混合液的锥形瓶,将瓶倾斜,以保证冷凝管末端连接的小玻璃管完全浸于液体内。继续蒸馏 2 min。观察锥形瓶内溶液是否变色,如不变成鲜绿色,而是变成灰色或暗色,则表明反应室内部已干净。移动锥形瓶使混合液离开管口约 1 cm,继续通气 1 min,最后用水冲洗管口外周,移开酒精灯,准备下一步把消化液加入反应室内。

（2）消化样品的蒸馏

打开夹子 8,放掉蒸气发生器中的热水,然后关闭夹子 8,打开夹子 7,使冷水流入蒸气发生器内,约占球体 2/3 量后关闭夹子 7。打开夹子 3,取 2 mL 稀释消化液自加样口 3 加入反应室 1,关闭夹子 3。另取 1 个盛硼酸指示剂混合液的锥形瓶斜接于冷凝管下端。取 400 g/L NaOH 溶液约 5 mL,放入加样口的小漏斗中,微开夹子 3,使 NaOH 溶液慢慢流入反应室。当未完全流

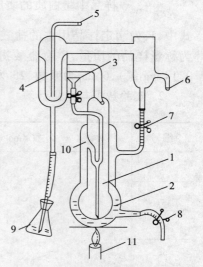

图 1-1　改良式凯氏定氮仪
1. 反应室;2. 蒸汽发生室;3. 加样口(小漏斗)并夹子;4. 冷凝器;5. 冷凝水入口;6. 冷凝水出口;7. 夹子;8. 夹子(废液排除口);9. 锥形瓶;10. 出样口;11. 酒精灯

尽时,关闭夹子 3,向小漏斗加入约 5 mL 蒸馏水,再微开夹子 3,使一半蒸馏水流入反应室。关闭夹子 3,一半蒸馏水留在小漏斗中作水封。将酒精灯放回蒸气发生器下面,继续加热蒸馏,锥形瓶中溶液由紫红色变成鲜绿色,自变色起开始计时,蒸馏 5 min,然后移动锥形瓶使液面离开冷凝管口约 1 cm,并用少量蒸馏水洗涤冷凝管口外周,继续蒸馏 1 min。用表面皿覆盖锥形瓶,待其余样品蒸馏完毕后,一同滴定。最好先加入 2 mL 标准硫酸铵溶液,重复三次,可检测氮的回收率,并熟练操作后再进行样品测定。

（3）蒸馏后定氮仪的洗涤

样品蒸馏完毕后,移开锥形瓶及酒精灯,稍微冷却后,自加样口较快地倒入一些冷蒸馏水,反应室外的空气骤然冷缩,反应室内的废液迅速地从出样口 10 抽出,打开夹子 8,排出蒸气发生器内的废液,关闭夹子 8。再自加样口加入一些冷蒸馏水,打开夹子 3,冷水再流入反应室,关闭夹子 3,打开夹子 7,使冷水尽量多地流入蒸气发生器内,但不要超过出样口 10,关闭夹子 7,打开夹子 8,使冷水排出。此时,由于蒸气发生器内的空气压力降低较多,反应室中冷水又自动抽出。如此反复几次,即可排尽反应废液及洗涤废液。

4. 滴定

全部蒸馏完毕后,用已经标定的标准盐酸溶液(约 0.010 0 mol/L)滴定各锥形瓶中收集的氨量,直至硼酸指示剂混合液由绿色变回粉红色,即为滴定终点。分别记下标定含有大豆粉消化液用去盐酸的体积 V_x 和标定空白样所用去的盐酸体积 V_0。

【实验结果】

1. 计算方法

$$样品中蛋白质的质量分数 = \frac{(\overline{V_x} - V_0) \times C \times 14 \times 6.25 \times 25}{m_0 \times 1\,000} \times 100\%$$

式中，$\overline{V_x}$ 为滴定样品用去的盐酸平均体积（mL），V_0 为滴定空白用去的盐酸平均体积（mL），m_0 为称量样品的质量，C 为盐酸物质的量浓度，14 为氮的原子量（1 mL 0.01 mol/L 盐酸相当于 0.14 mg 氮），6.25 为系数，25 为样品的稀释倍数。

2. 实验数据与结果计算

编号	m_0/g	C/mol·L^{-1}	V_x/mL	$\overline{V_x}$/mL	V_0/mL	Pr/%
1						
2						
3						
4						
5						
6						

【注意事项】

1. 在实验过程中要规范操作，如容量瓶的使用、中和滴定以及移液管的使用等。（参见附录 1）

2. 仔细检查改良式凯氏定氮仪各个连接处，保证不漏气。改良式凯氏定氮仪加样前须反复清洗，保证洁净。

3. 消化时小心将样品加到凯氏消化瓶里，勿使样品沾污凯氏消化瓶口部、颈部。斜放凯氏消化瓶，火力先小后大，避免黑色消化物溅到瓶口、瓶颈壁上。

4. 蒸馏时小心准确地加入消化液，加样时最好将酒精灯移开。蒸馏时切忌火力不稳，否则将发生倒吸现象。

5. 蒸馏后应及时清洗凯氏定氮仪。

6. 滴定前，仔细检查滴定管是否洁净、是否漏液。

【思考题】

1. 写出蛋白质的消化、氨的蒸馏、氨的吸收及氨的滴定的化学反应式。

2. 实验中设置空白的目的是什么？

3. 消化时加入硫酸铜–硫酸钾混合物的目的是什么？

1－2　Folin－酚试剂法测定蛋白质含量

【背景与目的】

蛋白质(或多肽)分子中含有酪氨酸或色氨酸,能与 Folin－酚试剂起氧化还原反应,生成蓝色化合物,蓝色的深浅与蛋白质浓度成正比,可用比色法测定蛋白质浓度。Folin－酚法包括两步反应:第一步在碱性条件下,蛋白质与铜作用生成蛋白质－铜络合物;第二步是此络合物将 Folin－酚试剂还原,此法的灵敏度是双缩脲法的 100 倍。

通过本实验熟悉并掌握 Folin－酚试剂法测定蛋白质含量的原理与方法。

【试剂与仪器】

1. 材料

牛血清

2. 试剂

(1) 标准蛋白质溶液

使用酪蛋白,预先经微量凯氏定氮法测定蛋白氮含量,根据其纯度配制成 250 μg/mL 的溶液。

(2) Folin－酚试剂

① Folin－酚试剂 A:将 1 g Na_2CO_3 溶于 50 mL 0.1 mol/L NaOH 溶液。另将 0.5 g $CuSO_4 \cdot 5H_2O$ 溶于 100 mL 1% 酒石酸钾(或酒石酸钠)溶液。将前者 50 mL 与硫酸铜－酒石酸钾溶液 1 mL 混合。混合后的溶液一日内有效。

② Folin－酚试剂 B:将 100 g 钨酸钠($Na_2WO_4 \cdot 2H_2O$),25 g 钼酸钠($Na_2MoO_4 \cdot 2H_2O$),700 mL 蒸馏水,50 mL 85% 磷酸及 100 mL 浓盐酸置于 1 500 mL 磨口圆底烧瓶中,充分混匀后,接上磨口冷凝管,回流 10 h,再加入硫酸锂 150 g,蒸馏水 50 mL 及液溴数滴,开口煮沸 15 min,驱除过量的溴(在通风橱内进行)。冷却,稀释至 1 000 mL,过滤,滤液呈微绿色,贮于棕色瓶中。临用前用标准 NaOH 溶液滴定,用酚酞作指示剂(由于试剂微绿,影响滴定终点的观察,可将试剂稀释 100 倍再滴定)。根据滴定结果,将试剂稀释至相当于 1 mol/L 的酸(稀释 1 倍左右),贮于冰箱中可长期保存。

3. 器材

(1) 分光光度计　　　　　　　　　　(2) 试管

(3) 移液管　　　　　　　　　　　　(4) 容量瓶

【实验方法】

1. 标准曲线的绘制

将 6 支干净试管编号,按下表顺序加入试剂,于 500 nm 处比色,以 0 号管为空白对照调零,测定各管吸光值。

— 11 —

试　管　号	0	1	2	3	4	5
250 μg/mL 酪蛋白/mL	0	0.2	0.4	0.6	0.8	1.0
蒸馏水/mL	1	0.8	0.6	0.4	0.2	0.0
Folin – 酚试剂 A/mL	5.0	5.0	5.0	5.0	5.0	5.0
	25 ℃ 放置 10 min					
Folin – 酚试剂 B/mL	0.5	0.5	0.5	0.5	0.5	0.5
	立即振摇均匀,25 ℃ 放置 30 min					
$A_{500\,nm}$						

以蛋白质质量浓度为横坐标,500 nm 处的光吸收值为纵坐标,绘制蛋白质浓度 – 吸光值曲线。

2. 样品测定

吸取样品液 0.2 mL 置干净试管内,加入 0.8 mL 蒸馏水,5 mL Folin – 酚试剂 A,25 ℃ 放置 10 min 后,再加入 0.5 mL Folin – 酚试剂 B,立刻混匀,25 ℃ 保温 30 min 后,以 0 号管为对照于 500 nm 处比色,平行三管取平均值。查标准曲线求出样品液中蛋白质的质量浓度。

【实验结果】

所测样品的稀释倍数应使蛋白质含量在标准曲线范围之内,若超过此范围则需将血清酌情稀释。

【注意事项】

Folin – 酚试剂 B 在酸性条件下较稳定,而 Folin – 酚 A 试剂是在碱性条件下与蛋白质作用生成碱性的铜 – 蛋白质溶液。当加入 Folin – 酚 B 试剂后,应迅速摇匀(加一管摇一管),使还原反应发生在磷钼酸 – 磷钨酸试剂被破坏之前。

【思考题】

1. Folin – 酚试剂法测定蛋白的原理是什么?
2. 有哪些因素可干扰 Folin – 酚试剂法测定蛋白含量?

1 – 3　紫外吸收法测定蛋白质含量

【背景与目的】

由于蛋白质中酪氨酸、色氨酸和苯丙氨酸残基的苯环含有共轭双键,因此蛋白质具有吸收紫外光的性质,吸收高峰在 280 nm 处。在此波长范围内,蛋白质溶液的光吸收值与其含量成正比关系,可用作定量测定。检测灵敏度为 0.01 ~ 0.05 mg/mL。

该测定法简单、灵敏、快速、不消耗样品,低浓度盐类不干扰测定。因此,紫外吸收法在蛋白质和酶的生化制备中广泛应用,例如在柱层析分离过程中,可通过检测洗脱液的紫外吸收值来判断蛋白质的洗脱情况。

利用紫外吸收法测定蛋白质含量准确度较差,这是因为不同蛋白质中酪氨酸、色氨酸和苯丙氨酸的含量不同,所以不同蛋白质溶液在 280 nm 的光吸收值也不同。此外,核酸类物质在 280 nm 处也有较强的光吸收,若样品中含有核酸类物质,会严重干扰蛋白质的定量。

本实验以酪蛋白为标准品,检测牛血清中的蛋白质含量。通过本实验学习紫外吸收法测定蛋白质含量的原理及紫外分光光度计的操作方法。

【试剂与仪器】

1. 材料

牛血清

2. 试剂

(1) 蛋白质标准溶液:1 mg/mL 酪蛋白(溶于 0.05 mol/L NaOH 溶液)。

(2) 0.05 mol/L NaOH 溶液

3. 仪器

(1) 紫外分光光度计　　　　　　　　(2) 石英比色皿

(3) 试管　　　　　　　　　　　　　　(4) 容量瓶

(5) 移液管

【实验方法】

1. 标准曲线的绘制

取 6 支试管(每管做三个平行样),分别按下表加入 0、1.0、2.0、3.0、4.0、5.0 mL 标准蛋白质溶液,然后加入 0.05 mol/L NaOH 溶液至终体积 5 mL,混匀。此时各管中蛋白质质量浓度分别为 0、0.2、0.4、0.6、0.8 和 1.0 mg/mL。选用光程为 1 cm 的石英比色皿,在紫外分光光度计上,于 280 nm 处以 0 号管为对照,分别测定各管溶液的吸光值。以酪蛋白质量浓度为横坐标,以吸光值为纵坐标,绘制标准曲线。

试　管　号	0	1	2	3	4	5
标准蛋白质溶液/mL	0	1.0	2.0	3.0	4.0	5.0
0.05 mol/L NaOH/mL	5.0	4.0	3.0	2.0	1.0	0.0
蛋白质质量浓度/mg·mL^{-1}	0	0.2	0.4	0.6	0.8	1.0
$A_{280\text{ nm}}$						

2. 测定未知样品

做三个平行样,每管加入待测样品 0.1 mL 和 0.05 mol/L NaOH 溶液 4.9 mL,混匀,以标准曲线中的 0 号管为对照,按上述方法测定 280 nm 处的吸光值。

【实验结果】

根据样品的吸光值在标准曲线上查出对应的蛋白质质量浓度,再乘上稀释倍数(本实验稀释 50 倍)即得出牛血清中的蛋白质含量(mg/mL)。

【注意事项】

由于蛋白质的紫外吸收峰常因 pH 的改变而有变化,故应用紫外吸收法时要注意溶液的 pH,

样品的 pH 应与绘制标准曲线时蛋白质溶液的 pH 一致。

【思考题】

1. 本法与其他测定蛋白质含量法相比,有哪些优缺点?
2. 哪些因素影响测定结果的准确性?

1-4 考马斯亮蓝染色法(Bradford 法)测定蛋白质含量

【背景与目的】

考马斯亮蓝 G-250(Coomassie brilliant blue G-250)是一种阴离子染料,最大吸收峰在 465 nm,可与蛋白质结合形成蓝色的考马斯亮蓝-蛋白质复合物,此复合物在 595 nm 有最大光吸收,在一定浓度范围内,吸光值与蛋白质浓度成正比。此法操作简便,检测灵敏度高(1~10 μg),在科研和医疗单位得到广泛的应用。考马斯亮蓝与蛋白质结合速度快,只需大约 2 min。生成的复合物在 1 h 内稳定。Tris、蔗糖、甘油等有一定的干扰,可通过用适当的对照而消除。高浓度的去垢剂 Triton X-100、十二烷基硫酸钠(SDS)等干扰严重,实验中应避免使用。由于不同蛋白质与染料结合的量不相同,测定与标准蛋白质组成有较大差异的样品时,有一定误差。

本实验以牛血清白蛋白为标准品,检测牛血清和鸡蛋清样品中蛋白质的含量。通过本实验的学习掌握考马斯亮蓝染色法测定蛋白质含量的原理和实验技术,熟悉可见分光光度计的使用方法。

【仪器与试剂】

1. 材料

牛血清,用磷酸盐缓冲液稀释 1 000 倍;鸡蛋清,用磷酸盐缓冲液稀释 1 000 倍。

2. 试剂

(1) 考马斯亮蓝试剂:考马斯亮蓝 100 mg 溶于 95% 乙醇 50 mL,加 85% 磷酸 100 mL,加水稀释至 1 000 mL,过滤备用。试剂的最终浓度为 0.1 g/L 考马斯亮蓝 G-250,4.7% 乙醇,8.5% 磷酸。

(2) 磷酸盐缓冲液:市售磷酸盐缓冲液或 0.15 mol/L NaCl/10 mmol/L 磷酸缓冲液,pH 7.2。

(3) 标准蛋白质溶液:牛血清白蛋白 0.1 mg/mL(溶于磷酸盐缓冲液)。

3. 仪器

(1) 可见分光光度计   (2) 玻璃比色皿

(3) 试管   (4) 容量瓶

(5) 移液管

【实验方法】

1. 标准曲线的绘制

取 6 支试管(每管做三个平行样),分别按下表加入牛血清白蛋白标准溶液 0、0.2、0.4、0.6、0.8 和 1.0 mL(这时各管中血清白蛋白的质量分别为 0、20、40、60、80 和 100 μg)。分别向各管中补加磷酸盐缓冲液至终体积为 1.0 mL。最后分别向各管加入考马斯亮蓝试剂 4.0 mL,立即混匀。选用光程为 1 cm 的玻璃比色皿,在可见分光光度计上,于 595 nm 处以 0 号管为对照,分别测定各管溶液的吸光值。以牛血清白蛋白的质量(μg)为横坐标,以吸光值为纵坐标,绘制标准曲线。

试　管　号	0	1	2	3	4	5
标准蛋白质溶液/mL	0	0.2	0.4	0.6	0.8	1.0
相当于血清白蛋白质量/μg	0	20	40	60	80	100
磷酸盐缓冲液/mL	1.0	0.8	0.6	0.4	0.2	0
考马斯亮蓝试剂/mL	4.0	4.0	4.0	4.0	4.0	4.0
$A_{595\,nm}$						

2. 样品中蛋白质含量的测定

每种样品做三个平行样。每管准确加入待测样品 1.0 mL 和考马斯亮蓝试剂 4 mL,立即混匀。以 0 号管为对照,按上述方法测定 595 nm 处的吸光值。

【实验结果】

根据样品的吸光值在标准曲线上查出对应的蛋白质质量(μg),即 1 mL 稀释样品中所含蛋白质的量,再乘以稀释倍数(1 000 倍)即得出原样品中蛋白质的含量(μg/mL)。

【注意事项】

1. 光吸收值要在 5～60 min 之内测定,否则产生沉淀影响实验结果。
2. 实验结束后,比色皿可用 95% 乙醇清洗去掉染料。

【思考题】

1. 本法测定蛋白质含量的原理是什么?
2. 若测定样品中含有少量的蔗糖或甘油,如何排除干扰?

实验 *2*

氨基酸的纸层析

【背景与目的】

纸上色谱法是利用物质在两种互不相溶的溶剂中的分配系数不同而达到分离的目的。此法常用来进行生物化学物质的分离及定性、定量分析。

以纸作惰性支持物,层析溶剂选用有机溶剂和水,使混合样品达到分离,故又叫纸层析法。纸层析法的一般操作是将样品溶解在适当溶剂(水、缓冲液或有机溶剂)中,样品点在滤纸的一端,再选用适当的溶剂系统,从点样的一端通过毛细现象向另一端展开。展开完毕后,取出滤纸晾干或烘干,再以适当的显色剂或在紫外灯、荧光灯下观察纸层析图谱。样品经展层后某一物质在纸层析图谱上的位置常用 R_f 来表示:

$$R_f = \frac{色斑中心到原点的距离}{溶剂前沿到原点的距离}$$

纸层析可以看做是溶质(样品)在固定相与流动相之间的连续抽提。滤纸纤维与水的亲和力强,与有机溶剂的亲和力弱,因此在展层时,水是固定相,有机溶剂是流动相。由于溶质在两相间的分配系数不同,不同氨基酸随流动相移动的速率就不同,于是就将这些氨基酸分离开来,形成距原点距离不同的层析点。在恒定的条件(如层析溶剂、pH、展层温度等保持不变)下,各物质在纸层析图谱上有固定的相对迁移率(R_f),借此可以达到分析鉴定的目的。

纸层析操作按溶剂展开方向可分为上行、下行和径向三种。氨基酸分离一般采用上行法,上行法又可分为单向和双向。对一般成分较为简单的样品,单向展开即能达到分离的目的。成分较为复杂的样品,由于在单向层析中某些物质的斑点相互重叠分离不开,故必须采用双向层析,即先以一种溶剂系统展开后,再以另一种性质相异的溶剂系统在其垂直方向做第二次展开,从而达到分离的目的。氨基酸是无色的,利用茚三酮反应,可将氨基酸层析点显色,作定性、定量分析。

通过本实验学习层析技术的原理,掌握纸层析的操作技术。

【试剂与仪器】

1. 试剂

(1) 扩展剂:为 4 份水饱和的正丁醇和 1 份乙酸的混合液。将 20 mL 正丁醇和 5 mL 无水乙酸放入分液漏斗中,与 15 mL 水混合,充分振荡,静置后分层,放出下层水层。取漏斗内的扩展剂约 5 mL 置于小烧杯中作为平衡溶剂,其余的倒入培养皿中备用。

(2) 氨基酸溶液:5 g/L 的赖氨酸、脯氨酸、缬氨酸、苯丙氨酸、亮氨酸溶液及它们的混合液(各组分含量均为 5 g/L)。

(3) 显色剂:1 g/L 水合茚三酮正丁醇溶液。

2. 仪器

(1) 层析缸　　　　　　　　　　　　(2) 毛细管

(3) 喷雾器　　　　　　　　　　　　(4) 培养皿

(5) 烧杯　　　　　　　　　　　　　(6) 层析滤纸

(7) 电吹风　　　　　　　　　　　　(8) 针、线、尺子、剪刀、铅笔刀

(9) 分液漏斗

【实验方法】

1. 取层析滤纸一张,在纸的一端距边缘 2～3 cm 处用铅笔划一条直线,在此直线上每隔 2 cm 作一记号,共作 6 个记号。

2. 点样:用毛细管将各氨基酸样品分别点在上述 6 个位置上,干后再点一次。每个点在纸上扩散的直径最大不超过 3 mm。

3. 扩展:用线将滤纸缝成筒状,纸的两边不能接触。将盛有约 20 mL 扩展剂的培养皿迅速置于密闭的层析缸中,并将滤纸直立于培养皿中(点样的一端在下,扩展剂的液面应低于点样线 1 cm)(图 1 - 2)。待溶剂上升 15 ~ 20 cm 时取出滤纸,用铅笔描出溶剂前沿界线,自然干燥或用吹风机热风吹干。

4. 显色:用喷雾器均匀喷上 1 g/L 茚三酮正丁醇溶液,然后置烘箱中烘烤 5 min(100 ℃)或用吹风机吹干即可显出各层析斑点。

图 1 - 2　点样及扩展过程

【实验结果】

显色完毕后,用铅笔将各色谱的轮廓和中心点描绘出来,然后量出由原点至色谱中心点和溶剂前沿的距离,计算出各色谱的 R_f 并进行比较和鉴定。

【注意事项】

R_f 常受实验条件的影响,如纸张的质地、溶剂的纯度、pH 和含水量、层析的温度和时间等,因此,实验时对以上因素必须严格控制。

【思考题】

1. 在实验操作过程中为什么要防止唾液和手上的汗液弄到层析纸上?
2. 显色时,为什么要在喷洒茚三酮之后置烘箱中加热?

实验 3

血清清蛋白与 γ 球蛋白的盐析

【背景与目的】

蛋白质分子是生物大分子,其大小恰好在胶体的范围内,且分子中亲水基团多位于分子的表面,疏水基团多在分子结构内部。因此,蛋白质分子在水中能以胶体颗粒存在,形成胶体溶液。

　　蛋白质在水中形成亲水胶体,亲水胶体颗粒有两个稳定因素:①胶粒上的电荷;②水化膜。蛋白质在水溶液中呈现两性电离。当环境的 pH≠pI 时,蛋白质可带正电荷或负电荷。在某一 pH 条件下,蛋白质带同种电荷,同电相斥,不至相互聚集沉淀。又因蛋白质颗粒表面带有很多极性基团,和水有高度亲和性,故可吸引水分子,水分子围绕在蛋白质分子周围排列,形成水化膜,使蛋白质分子相互分割开来。破坏这两个因素或其中某一个因素,就破坏了蛋白质胶体的稳定性,蛋白质易于发生沉淀。

　　向蛋白质溶液中加高浓度盐溶液,盐在水溶液中电离,其正、负离子吸引水分子,从而夺取水化膜,还可以中和部分电荷。由于蛋白质形成亲水胶体的两个稳定因素被破坏,使蛋白质凝聚、沉淀,这就是蛋白质的盐析。

　　由于各种蛋白质的颗粒大小、带电荷多少及亲水程度的不同,对于同一种中性盐,蛋白质盐析所需最低浓度也不同。例如:球蛋白不溶于半饱和的(NH_4)$_2$$SO_4$ 溶液,γ 球蛋白不溶于 1/3 饱和度的(NH_4)$_2$$SO_4$ 溶液,而清蛋白仅不溶于饱和的(NH_4)$_2$$SO_4$ 溶液。因而,可以利用不同浓度的(NH_4)$_2$$SO_4$ 溶液使血清或其他混合蛋白质中的不同蛋白质分开。

　　通过本实验的学习,掌握盐析法分离纯化蛋白质的原理和方法。

【试剂与仪器】

1. 材料

牛血清

2. 试剂

（1）固体(NH_4)$_2$$SO_4$

（2）0.15 mol/L NaCl/10 mmol/L 磷酸盐缓冲液,pH 7.2:NaCl 8.5 g,Na_2HPO_4(无水)1.02 g,NaH_2PO_4 0.3 g,溶于 1 000 mL 水中,高压灭菌保存。

（3）pH 7.2 饱和硫酸铵溶液:硫酸铵 760 g 加热溶解于 1 000 mL 蒸馏水中,用 28% 氨水调至 pH 8～9(有沉淀析出),趁热用滤纸过滤并冷却至室温,用 H_2SO_4 调至 pH 7.0～7.2,多余的硫酸铵析出,上清即为饱和硫酸铵溶液。用前核对 pH。

3. 仪器

（1）有塞的塑料离心管(10 mL)2 支　　　（2）离心机

（3）胶头滴管

【实验方法】

1. 提取血清 γ 球蛋白的实验方法

（1）50% 硫酸铵提取

取 10 mL 血清和 10 mL 生理盐水,逐滴加入 20 mL 饱和硫酸铵并搅拌(50% 饱和),室温静置 20 min,4 000 r/min 离心 30 min,上清液主要为白蛋白,沉淀主要为球蛋白。

（2）33% 硫酸铵提取

将沉淀用 20 mL 生理盐水充分溶解,加入 10 mL 饱和硫酸铵,边加边搅拌。室温静置 20 min,4 000 r/min 离心 30 min,弃上清(主要为 α、β 球蛋白),沉淀主要为 γ 球蛋白。重复 33% 硫酸铵提取两次,进一步提纯 γ 球蛋白。

2. 少量、简化制备血清 γ 球蛋白的实验方法

（1）取离心管一支,加入 2 mL 血清和 2 mL 磷酸盐缓冲液,摇匀,逐滴加入 pH 7.2 的 $(NH_4)_2SO_4$ 溶液 2 mL,边加边摇,静置 30 min,3 000 r/min 离心 20 min。

（2）取上清液（主要含有清蛋白）,加入 3.132 g $(NH_4)_2SO_4$,使上清液饱和,静置 30 min,离心、沉淀,加 1 mL 磷酸盐缓冲液溶解沉淀,放入透析袋。

（3）沉淀（主要含有 γ 球蛋白）中加 1 mL 磷酸盐缓冲液溶解,逐滴加入饱和 $(NH_4)_2SO_4$ 溶液 0.5 mL[相当于 33% 饱和 $(NH_4)_2SO_4$ 溶液],放置 30 min,3 000 r/min 离心 20 min。

放弃离心后的上清液（主要是 α、β 球蛋白）,沉淀即为初步纯化的 γ 球蛋白。

【注意事项】

1. 盐析的成败决定于溶液的 pH 与离子强度,溶液 pH 越接近蛋白质的等电点,蛋白质越容易沉淀。

2. 盐析用的硫酸铵容易吸潮,因而在使用前,一般先将硫酸铵磨碎,平铺放入烤箱内 60 ℃ 烘干后再称量,这样更准确。

3. 在加入盐时应该缓慢、均匀,搅拌也要缓慢。如果出现一些未溶解的盐,应该等其完全溶解后再加盐,以免引起局部的盐浓度过高,导致蛋白质失活。

4. 盐析后的蛋白质最好尽快脱盐处理,以免变性。透析较慢,一般可用超滤或者交联葡聚糖凝胶 G-25、G-50 处理。

【思考题】

1. 影响蛋白质盐析的因素有哪些?
2. 用盐析方法提取蛋白质有哪些优点?
3. 除了盐析法外,还有哪些提取蛋白质的方法,分别有哪些优缺点?

实验 *4*

血清清蛋白与 γ 球蛋白的透析与浓缩

【背景与目的】

透析是利用蛋白质等生物大分子不能通过半透膜的性质的一类纯化方法,可利用该方法分离大分子与小分子的混合物。

由于 NH_4^+ 和 SO_4^{2-} 可以通过半透膜,而血清蛋白不能透过半透膜,因此,盐析法得到的血清蛋白与 γ 球蛋白可以用透析法脱盐(图 1 - 3)。利用双缩脲反应原理及其在蛋白质鉴别方面的应用可以观察半透膜的作用。

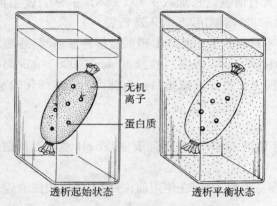

图 1 - 3　透析法脱盐的过程示意图

利用半透膜还可以进行大分子溶液的浓缩。将盛有透析法脱盐后的蛋白质水溶液的透析袋放入高浓度的吸水性强的蔗糖固体颗粒中,袋内溶液中的水被袋外的蔗糖所吸收,从而有效地浓缩。

通过本实验了解半透膜的性质,掌握透析法脱盐的操作方法。

【试剂与仪器】

1. 试剂

（1）双缩脲试剂　　　　　　　（2）5 mg/mL 酪蛋白(溶于 0.05 mol/L NaOH 溶液)

（3）10 g/L $BaCl_2$ 溶液　　　　　（4）干燥蔗糖

2. 仪器

（1）烧杯(100 mL)　　　　　　（2）试管

（3）移液管　　　　　　　　　（4）透析袋

【实验方法】

1. 透析脱盐

将实验 3 经盐析得到的血清蛋白沉淀物(清蛋白或 γ 球蛋白)用少量生理盐水溶解,转入透析袋内流水透析 5 ~ 10 min 后,置于冰箱内于 pH 7.2 磷酸盐缓冲液中透析 3 ~ 4 h。用 $BaCl_2$ 溶液和双缩脲试剂检测袋内外液中硫酸铵和蛋白质,外液中检测不到硫酸铵说明透析完全。过滤,测定蛋白质的含量。将透析袋取出,埋入干燥蔗糖中浓缩至一定浓度,冷冻保存备用。

2. 透析效果的检测

用双缩脲法分别检查袋内外液体中有无蛋白质,再用 $BaCl_2$ 溶液检查烧杯中液体的 SO_4^{2-}。记录实验现象,观察透析法除盐的结果。

溶 液 名 称	所加试剂名称	实 验 现 象
蒸馏水 0.5 mL	双缩脲试剂 2 mL	
酪蛋白 0.5 mL	双缩脲试剂 2 mL	
袋内溶液 0.5 mL	双缩脲试剂 2 mL	
袋外溶液 0.5 mL	双缩脲试剂 2 mL	
袋外溶液 0.5 mL	BaCl₂ 溶液数滴	

【注意事项】

1. 透析袋在使用之前要先用自来水检查是否有破损。

2. 与蔗糖类似,聚乙二醇也是多羟基聚合物,具有强的吸湿性,可以替代蔗糖用于浓缩蛋白质溶液。

【思考题】

1. 实验方法 2 中,设置酪蛋白检验的目的是什么?

2. 除了透析法脱盐外,还可以使用哪些方法从蛋白质中脱盐?

实验 5

血清清蛋白与 γ 球蛋白的鉴定
——醋酸纤维素薄膜电泳法

【背景与目的】

醋酸纤维素薄膜电泳法是以醋酸纤维素薄膜作为支持物的电泳方法。醋酸纤维素薄膜是用二乙酸纤维素制成的,它具有均一的泡沫样的结构,厚度仅为 120 μm,有强渗透性,对分子移动无阻力,作为区带电泳的支持物进行蛋白电泳有简便、快速、样品用量少、应用广泛、没有吸附等特点。血清中含有清蛋白、α 球蛋白、β 球蛋白、γ 球蛋白和各种脂蛋白等,各种蛋白质由于氨基酸组分、立体构象、相对分子质量、等电点不同,在电场中迁移速率不同,相对分子质量小、等电点低、在相同碱性 pH 缓冲系统中,带负电荷多的蛋白质颗粒在电场中迁移速率快。

下表给出了 5 种血清蛋白的等电点和相对分子质量,这 5 种蛋白质的等电点基本都低于 7.0。

蛋白质	等电点	相对分子质量
清蛋白	4.64	69 000
α1 球蛋白	5.06	200 000
α2 球蛋白	5.06	300 000
β 球蛋白	5.12	900 000 ~ 150 000
γ 球蛋白	6.35 ~ 7.30	156 000

以醋酸纤维素薄膜为支持物,正常人血清在 pH 8.6 的缓冲体系中电泳 1 h 左右,染色后显示 5 条区带。清蛋白泳动最快,其余依次为 α1,α2,β 及 γ 球蛋白。这些区带经洗脱后可用分光光度计法定量,也可直接进行光吸收扫描自动绘出区带吸收峰及相对百分比(清蛋白 57% ~ 68% , α1 球蛋白 1% ~ 6% ,α2 球蛋白 6% ~ 10% ,β 球蛋白 7% ~ 15% ,γ 球蛋白 10% ~ 20%)。医学上常利用它们之间相对百分比的改变或异常区带的出现作为临床鉴别诊断的依据。此法由于操作简单、快速、分辨率高及重复性好等优点,目前已成为临床生化检验的常规操作之一,它不仅可用于分离血清蛋白,还可以用于脂蛋白、血红蛋白及同工酶的分离测定。

通过本实验掌握利用醋酸纤维素薄膜电泳方法分离与鉴定蛋白质的原理和操作方法。

【试剂与仪器】

1. 材料

人或动物血清

2. 试剂

(1) 巴比妥 – 巴比妥钠缓冲液(pH 8.6,0.07 mol/L,离子强度 0.07):称取 2.76 g 巴比妥和 15.45 g 巴比妥钠,置于锥形瓶中,加蒸馏水约 600 mL,稍加热溶解,冷却后用蒸馏水定容至 1 000 mL。置 4 ℃保存,备用。

(2) 染色液(2.5 g/L 氨基黑 10B):称取 0.25 g 氨基黑 10B,加甲醇 50 mL,无水乙酸 10 mL,蒸馏水 40 mL,混匀溶解后置有塞试剂瓶中贮存。

(3) 漂洗液:取 95% 乙醇 45 mL、无水乙酸 5 mL 和蒸馏水 50 mL 混匀,置具塞的试剂瓶贮存。

3. 仪器

(1) 常压电泳仪 (2) 醋酸纤维素薄膜(2 cm ×8 cm)
(3) 点样器(市售或自制) (4) 培养皿(用于染色及漂洗)(直径 9 cm ~ 10 cm)
(5) 普通滤纸 (6) 钝头镊子和竹夹子
(7) 白瓷板

【实验方法】

1. 电泳槽与薄膜的制备

(1) 醋酸纤维素薄膜的湿润与选择

用钝头镊子取一片薄膜,在薄膜无光泽面上距边 2 cm 处用铅笔划一条直线,此线为点样标志区。将薄膜小心地平放在盛有缓冲液的平皿中。若漂浮于液面的薄膜在 15 ~ 30 s 内迅速湿润,整条薄膜色泽深浅一致,则此膜均匀,可用于电泳;若薄膜湿润缓慢,色泽深浅不一或有条纹及斑点,则表示薄膜厚薄不均匀,应舍去,以免影响电泳结果。将选好的薄膜用竹夹子轻压,使其完全浸泡于缓冲液中约 30 min 后方可用于电泳。

（2）电泳槽的准备

根据电泳槽的宽度,剪裁尺寸合适的滤纸条。在两个电极槽中,各倒入等体积的电极缓冲液,在电泳槽的两个膜支架上,各放两层滤纸条,使滤纸的长边与支架前沿对齐,另一端浸入电极缓冲液内。当滤纸条全部浸润后,用玻璃棒轻轻挤压在膜支架上的滤纸以驱赶气泡,使滤纸的一端能紧贴在膜支架上。滤纸条是两个电极槽联系醋酸纤维素膜的桥梁,因而称为滤纸桥。

2. 点样

用钝头镊子取出浸透的薄膜,夹在两层滤纸间以吸去多余的缓冲液,无光泽面向上平放在点样板上。点样时用点样器沾少许血清,再将点样器轻轻印在点样区内,样品线长度一般为1.5 cm,宽度一般不超过3 mm,使血清完全渗透至薄膜内,形成一定宽度、粗细均匀的直线,此步是实验的关键。点样前应在滤纸上反复练习,掌握点样技术后再正式点样。

3. 电泳

用钝头镊子将点样端的薄膜平贴在阴极电泳槽支架的滤纸桥上(点样面朝下),另一端平贴在阳极端支架上。如图 1－4 所示,要求薄膜紧贴滤纸桥并绷直,中间不能下垂,如一电泳槽同时安放几张薄膜,则薄膜之间应隔几毫米,盖上电泳槽盖使薄膜平衡 10 min。

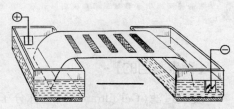

用导线将电泳槽的正、负极与电泳仪的正、负极分别连接,注意不要接错。在室温下电泳,打开电源开关,调电压至 80 V,15 min 后调电压至 120 V,电泳 50 ~ 60 min。

图 1－4　醋酸纤维素薄膜电泳示意图

4. 染色与漂洗

用钝头镊子取出电泳后的薄膜,无光泽面向上,放在含有 2.5 g/L 氨基黑 10B 染色液的培养皿中,浸染 5 min。取出后用自来水冲去多余染料,然后放到盛有漂洗液的培养皿中,每隔 10 min 换漂洗液一次,连续数次,直至背景蓝色脱尽。取出后放在滤纸上,用电吹风的冷风将薄膜吹干或自然风干。

【实验结果】

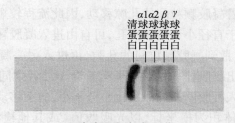

血清清蛋白电泳图谱

【注意事项】

1. 槽内所有待电泳的薄膜摆放完毕后再接通电源;电泳完毕应先切断电源,然后再取出薄膜。
2. 再次电泳时,应将缓冲液混合以保持缓冲液的 pH 不变。

【思考题】

1. 血清蛋白点样端为何位于电泳槽的负极端？

2. 观察电泳结果,清蛋白移动最快且着色较深;γ 球蛋白移动最慢而且区带较宽,如何解释这些现象？

实验 *6*

凝胶过滤分离蛋白质

【背景与目的】

凝胶过滤(Gel filtration),也称分子筛层析,是根据分子大小来分离混合物的一种生化分离分析方法,常用于蛋白质、多糖、核酸等生物大分子及其寡聚物的分离、相对分子质量测定和脱盐。凝胶过滤不破坏也不损耗样品,因此这一方法被广泛用于生物样品的分离制备。

凝胶过滤所用的介质即凝胶,是由高分子聚合物经特殊加工制成的球形颗粒,为多孔、网状结构。目前市场上有很多种凝胶出售,例如 Sephadex、Sepharose、Sepharose CL、Sephacryl HR、Bio - Gel、Toyopearl 等系列。每一种系列的凝胶都有其特定的性质和分离范围,在相关文献中可以查到。实验中应根据所要分离的物质的性质选择适合的凝胶。

将凝胶装入层析柱便制得凝胶柱。当样品通过凝胶柱时,相对分子质量非常大的物质,由于直径大于凝胶网孔而只能沿着凝胶颗粒间的孔隙移动,因此流程较短,首先流出凝胶柱;反之,相对分子质量非常小的物质由于直径小于凝胶网孔,可自由进入凝胶颗粒的网孔,在向下移动过程中,它们从凝胶颗粒的网孔扩散到凝胶颗粒间的孔隙,再进入另一凝胶颗粒的网孔,如此不断地进出,使流程增长,而最后流出凝胶柱。相对分子质量介于二者之间的物质,虽然能够进入凝胶网孔,但比小分子难,因此进入凝胶网孔的概率比小分子小,向下移动的线速度比小分子快,而比大分子慢。如果以洗脱液的体积为横坐标,以光吸收值(或其他检测手段所得值)为纵坐标作图,则得到洗脱曲线。图 1 - 5 是一例 Sepharose CL - 6B 柱层析的洗脱曲线,样品是一混合物,含有蓝葡聚糖、去铁铁蛋白、牛血清白蛋白、碳酸酐酶和重铬酸钾 5 种成分,它们的相对分子质量分别为 2×10^6、4.43×10^5、6.6×10^4、2.9×10^4 和 294.18。经过 Sepharose CL - 6B 柱层析,这 5 种成分完全分开,按照相对分子质量从高到低的顺序,先后从凝胶柱上洗脱下来。

洗脱峰的位置可用洗脱体积来表示,洗脱体积是指从开始加样到峰尖出现时所用的洗脱液的体积。洗脱体积与凝胶柱的尺寸有关,因此,在实际应用过程中常用 K_{av} 表示洗脱峰的位置。

对于同种凝胶,某种物质的K_{av}是一常数。

$$K_{av} = (V_e - V_o) \ / \ (V_t - V_o)$$

式中,V_o是外水体积,V_t是总体积,V_e是待测样品的洗脱体积。外水体积是指直径大于凝胶网孔,因而只能在凝胶颗粒之间移动的大分子的洗脱体积,一般用蓝葡聚糖测量。总体积是指能自由出入凝胶网孔的小分子的洗脱体积,可用酪氨酸、叠氮钠、重铬酸钾和葡萄糖等测量。因为大分子先流出,小分子后流出,所以V_o最小,V_t最大,V_e介于V_o和V_t之间(图1-5)。

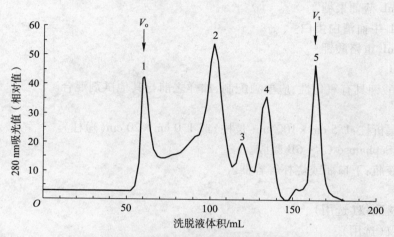

图1-5　Sepharose CL-6B 柱层析洗脱曲线

凝胶柱:1.5 cm×90 cm;洗脱液:0.15 mol/L NaCl;流速:0.15 mL/min;样品:1 mL 混合物,含有0.6 mg 蓝葡聚糖、1.5 mg 去铁铁蛋白、1.5 mg 牛血清白蛋白、0.8 mg 碳酸酐酶和0.8 mg 重铬酸钾;峰1:蓝葡聚糖;峰2:去铁铁蛋白;峰3:牛血清白蛋白;峰4:碳酸酐酶;峰5:重铬酸钾

除了分离混合物,凝胶层析的另一个重要用途是测定未知物的相对分子质量。相对分子质量测定的步骤是:①首先对各种已知相对分子质量的标准品进行层析,测量各种标准品的洗脱体积并计算其K_{av},然后以K_{av}为纵坐标,以$\lg M_r$为横坐标,绘制标准曲线;②对未知物进行层析,测量未知物的洗脱体积并计算其K_{av},在标准曲线上查出K_{av}所对应的相对分子质量。

样品的分离效果与所选用的凝胶、层析柱的长短、装柱操作、加样操作、洗脱条件等多种因素有关。层析柱的长短对凝胶层析效果影响很大。层析柱越长,分辨率越高,但洗脱时间也随之增加。长1 m 的层析柱可满足一般分析和制备的需要。长20 cm 以下的层析柱,分辨率很低,通常用于大分子的脱盐。

通过本实验初步掌握凝胶过滤的原理和操作方法,了解凝胶过滤在生化分析和分离中的应用。

【试剂与仪器】

1. 试剂

(1) 洗脱液:磷酸盐缓冲液或0.15 mol/L NaCl,过滤去除颗粒物质。

(2) 待分离的样品:溶于磷酸盐缓冲液或0.15 mol/L NaCl,高速离心或用滤纸过滤去除颗粒物质。

如果选用1.5 cm×100 cm 的长柱,可用以下混合样品:

0.6 mg/mL 蓝葡聚糖(M_r 2×10^6)

1.5 mg/mL 去铁铁蛋白(M_r 4.43 $\times 10^5$)

1.5 mg/mL 牛血清白蛋白(M_r 6.6 $\times 10^4$)

0.8 mg/mL 碳酸酐酶(M_r 2.9 $\times 10^4$)

0.8 mg/mL 重铬酸钾(M_r 294.18)

上样 1 mL。

如果选用 1.0 cm × 20 cm 的短柱,可用以下混合样品:

1.0 mg/mL 蓝葡聚糖

10 mg/mL 牛血清白蛋白

0.2 mg/mL 重铬酸钾

上样 0.2 mL。

注意:重铬酸钾具有氧化性,应单独配制,加样之前与其他试剂混合。

2. 仪器

(1) 玻璃层析柱:1.5 cm × 100 cm(长柱)或 1.0 cm × 20 cm(短柱)。

(2) 凝胶:Sepharose CL – 6B 凝胶。

(3) 洗脱液瓶:下口瓶或烧杯等容器。

(4) 恒流泵

(5) 紫外检测仪(选用)

(6) 记录仪(选用)

(7) 收集器(若用紫外检测仪和记录仪,则不需要收集器)

(8) 紫外分光光度计(若用紫外检测仪和记录仪,则不需要紫外分光光度计)

【实验方法】

1. 层析系统的安装

按照图 1 – 6 所示,用细塑料软管或乳胶管依次连接洗脱液瓶、层析柱、恒流泵、紫外检测仪。记录仪和紫外检测仪之间通过导线连接。如果没有紫外检测仪和记录仪,则在恒流泵之后连接收集器。注意层析柱后的所有塑料软管(包括层析柱与恒流泵、恒流泵与检测仪、恒流泵与收集器之间的连接)应尽量细而且短,以避免柱后体积过大,导致分离后的样品扩散,影响分离效果。

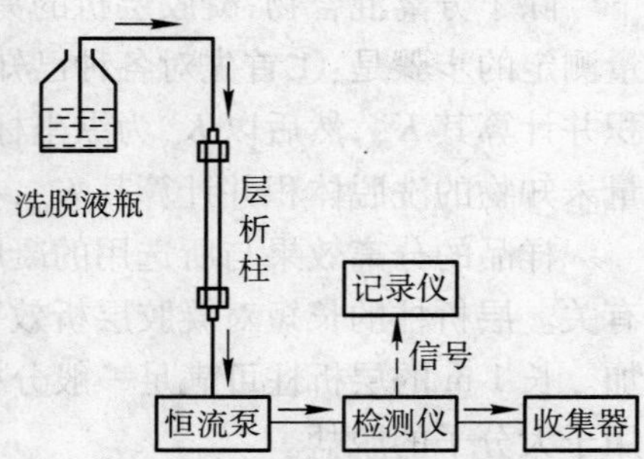

层析柱上端为样品和洗脱液的入口端,可以通过中间插

图 1 – 6　层析系统安装示意图

有一根玻璃管(或硬质塑料管)的橡皮塞和乳胶管与洗脱液瓶相连;层析柱下端为出口端,与恒流泵相连。层析柱的底部有一烧结的玻璃砂板,能挡住凝胶但能使洗脱液和其中的样品自由通过。

2. 凝胶的预处理

(1) 溶胀。有的凝胶(例如 Sephadex)以干粉出售,需事先溶胀。Sepharose CL – 6B 以湿凝胶出售,不需事先溶胀。

(2) 浮选。凝胶颗粒的均匀程度对分离效果影响很大,浮选的目的是除去小的凝胶颗粒,使凝胶颗粒更均匀。首先将凝胶分散在所用的洗脱液中,然后用玻璃棒将凝胶颗粒缓缓地全部搅起(不可剧烈搅拌,防止破坏胶粒),待绝大部分凝胶下沉后,将上部溶液连同漂浮其中的凝胶倾倒掉,再将凝胶分散在洗脱液中。重复上述操作直到上部溶液中无漂浮的凝胶颗粒,所有凝胶颗粒以基本相同的速度沉降为止。最后将凝胶分散在洗脱液中,使其含量为75%。浮选过程需要几小时至几十小时不等。

(3) 抽气。为了防止产生气泡,凝胶装柱前要抽气。将凝胶溶液装入抽气瓶中,抽真空,直到凝胶溶液中没有气泡产生为止。抽气过程大约需要 20 min。

3. 装柱

(1) 将层析柱垂直固定在架子上,如有必要可在柱的上端接延伸管以确保装柱所需的凝胶分散液能够一次加入。向层析柱中加入几厘米高的洗脱液(长柱可加 10 cm,短柱可加 2 cm),排除玻璃砂板周围的气泡。

(2) 计算装一根柱所需要的凝胶悬液的体积,一次倾倒加入所需要的凝胶。可用玻璃棒引流,避免引入气泡。

(3) 打开恒流泵,使柱内凝胶以相同速度沉降。注意流速要事先调好,装柱和以下平衡步骤所需流速要比实际洗脱速度大一些。本实验采取 10 cm/h 的线性流速,即 1.5 cm 直径的柱子,流速为 0.2 mL/min;1.0 cm 直径的柱子,流速为 0.13 mL/min。

(4) 当凝胶沉降完毕,胶面的位置不再下降时(短柱大约需要 0.5 h,长柱大约需要 5 h),关闭恒流泵,去掉延伸管和多余的凝胶。注意胶面距离层析柱入口应控制在 3~10 cm 的范围内。如果胶的高度不够,应将胶面轻轻搅起,继续加入 75% 的凝胶悬液至所需高度。

(5) 将层析柱入口与洗脱液瓶相连,打开恒流泵,以 10 cm/h 的线性流速(与装柱时的流速相同),用 2 倍凝胶体积的洗脱液洗凝胶柱(短柱大约需要 3 h,长柱大约需要 20 h)。洗脱完毕,关闭恒流泵。

4. 样品的层析

样品的层析包括加样、洗脱和检测三部分。如果实验室备有紫外检测仪和记录仪,则在洗脱的同时可自动检测并记录。如果没有检测仪和记录仪,则需要收集流出液,然后用紫外分光光度计检测每管流出液在 280 nm 的光吸收值。加样之前要熟练掌握检测仪、记录仪和收集器的使用方法。

(1) 加样前的准备工作

① 凝胶:检查胶面是否平整,若胶面不平,可用玻璃棒轻轻搅动胶面上的洗脱液,使表面胶粒浮起,然后让其自然沉降,使表面均匀。

② 洗脱液:过滤,然后装入洗脱液瓶。

③ 样品:离心或过滤,去除颗粒物质。

④ 恒流泵:调节恒流泵的流速为 7 cm/h,即 1.5 cm 直径的柱子流速为 0.15 mL/min,1.0 cm 直径的柱子流速为 0.1 mL/min。

⑤ 检测仪和记录仪:预热至少 30 min,调检测器波长为 280 nm,选择合适的量程(可选 0.1 A)和记录仪纸速(可选 6 cm/h)等参数,然后调零。调零步骤如下:首先打开恒流泵,使洗脱液以 7 cm/h 的速度流经凝胶柱、恒流泵和检测仪。观察记录纸上的基线,当基线平稳后,对检测器和记录仪进行调零。注意,调零结束后,在加样和洗脱过程中不要再调零。

⑥ 收集器:根据洗脱速度将收集器调到 3 mL/管(长柱)或 1 mL/管(短柱)。

(2) 加样

为获得理想效果的谱带,应尽量减少加样时样品的稀释,因此加样前应尽量除去胶面以上的

液体,胶面要平整,避免加样时搅动胶面。具体操作方法如下:

① 打开恒流泵,使胶面以上的洗脱液流出,当液面刚好进入凝胶时(凹液面刚好变水平),关闭恒流泵。

② 用滴管吸取样品(长柱 1 mL,短柱 0.2 mL),尽量贴近胶面,沿柱壁缓慢加入样品。

③ 样品加完后,打开恒流泵使样品进入凝胶。当样品刚好全部进入凝胶时,关泵。

④ 以同样体积的洗脱液代替样品,重复步骤②和③2~3 次,使样品进入胶面以下 1~2 cm。

⑤ 小心加满洗脱液,在确保洗脱液瓶与层析柱之间的胶管内充满洗脱液而无气泡后,将胶塞盖紧。

(3) 洗脱和检测

① 如果使用检测仪和记录仪,则同时打开恒流泵、检测仪和记录仪,洗脱的同时自动检测并记录。

② 如果使用收集器,则同时打开恒流泵和收集器,洗脱的同时收集流出液(长柱 3 mL/管,短柱 1 mL/管)。洗脱完毕,用紫外分光光度计检测每管流出液在 280 nm 的光吸收值。

5. 凝胶的回收

凝胶柱可重复使用多次,不必每次重新装柱。当最后一组学生实验结束后,应将凝胶从层析柱中取出,放入专门的回收瓶中,以便下次使用。

【实验结果】

1. 绘制洗脱曲线

测量每管流出液在 280 nm 的光吸收值。计算各管的洗脱体积,以洗脱体积为横坐标,以光吸收值为纵坐标,绘制洗脱曲线。

如果实验中采用紫外检测仪和记录仪自动检测并记录,则可省略上述步骤。

在洗脱曲线的边缘,应记录实验条件,例如日期、样品(包括浓度和体积)、凝胶型号、凝胶柱尺寸、流速、洗脱液、检测仪、记录仪和收集器等。

2. 长柱——计算或测量洗脱体积,计算 K_{av},绘制标准曲线

计算或测量蓝葡聚糖、去铁铁蛋白、牛血清白蛋白、碳酸酐酶和重铬酸钾的洗脱体积(蓝葡聚糖和重铬酸钾的洗脱体积分别为外水体积 V_o 和总体积 V_t),然后根据以下公式计算去铁铁蛋白、牛血清白蛋白、碳酸酐酶的 K_{av}:

$$K_{av} = (V_e - V_o)/(V_t - V_o)$$

根据各标准蛋白样品的相对分子质量,计算 $\lg M_r$,以 $\lg M_r$ 为横坐标,以 K_{av} 为纵坐标,绘制标准曲线(本实验只有 3 点可供作标准曲线,一条好的标准曲线需要更多点,即需要更多种标准蛋白样品)。

3. 短柱——计算或测量洗脱体积,计算 K_{av}

计算或测量蓝葡聚糖、牛血清白蛋白和重铬酸钾的洗脱体积(蓝葡聚糖和重铬酸钾的洗脱体积分别为外水体积 V_o 和总体积 V_t),然后根据以下公式计算牛血清白蛋白的 K_{av}:

$$K_{av} = (V_e - V_o)/(V_t - V_o)$$

【注意事项】

1. 凝胶十分昂贵,操作要小心,避免浪费。

2. 如果长时间不用,凝胶柱和凝胶需要加防腐剂保存。20%乙醇和0.02%叠氮钠为常用防腐剂。

3. 在实验课安排方面,可根据实验室条件对实验内容做适当调整。

（1）层析柱:选用1 m的长柱能得到比较好的分离效果,但需要大量凝胶(大约170 mL),课时较长(装柱大约30 h,样品的层析大约20 h);如果待分离的物质相对分子质量差别非常大(例如蓝葡聚糖、牛血清白蛋白和重铬酸钾这三种物质的混合物),那么可以选用20 cm的短柱,不需要大量凝胶(大约15 mL),课时也较短(装柱大约4 h,样品的层析大约3 h)。

（2）恒流泵:恒定的流速对分离效果至关重要,如果实验室不具备恒流泵,则可用医用输液器代替。

（3）检测方法:在线检测需要检测仪和记录仪,如果实验室不具备在线检测条件,则可利用收集器收集洗脱液,然后利用紫外分光光度计检测每一收集管中的液体在280 nm的吸收值,以洗脱体积为横坐标、吸收值为纵坐标作图,得到洗脱曲线。

【思考题】

1. 某种凝胶的V_o和V_t是否为常数?

2. 为什么K_{av}的范围是从0到1? 在什么情况下K_{av}等于0和1?

实验 7

离子交换柱层析分离纯化抗体

【背景与目的】

离子交换层析(ion exchange chromatography)是以离子交换剂为固定相,根据带电或极性溶质与离子交换剂之间静电相互作用力的差别而进行分离的一种分配层析方法,具有分辨率高、不破坏样品、样品处理量大等特点,在生物样品的分离纯化和鉴定中被广泛使用。

抗体是一类具有免疫活性的球蛋白,主要存在于血浆中,也见于其他体液、组织和一些分泌液中。动物血清中抗体的纯化可采用硫酸铵沉淀(盐析)和离子交换层析相结合的方法,即首先通过硫酸铵沉淀法将抗体从血清中分离出来,然后通过离子交换层析进一步纯化。

硫酸铵沉淀法是分离蛋白质(包括抗体)的常用方法(参考实验3"血清清蛋白和γ球蛋白的盐析")。高浓度的盐离子在蛋白质溶液中可与蛋白质竞争水分子,从而破坏蛋白质表面的水化膜,降低其溶解度,使之从溶液中沉淀出来。各种蛋白质沉淀所需的盐浓度不同,因而可利用不同浓度的盐溶液选择沉淀不同的蛋白质。通常用来分离抗体的硫酸铵质量浓度为 33% ~50% 饱和度。

离子交换层析是分离纯化蛋白质（包括抗体）的常用方法之一，可大致分为以下几个步骤：①转型和平衡，用适当 pH 和离子强度的缓冲液洗柱，使离子交换剂适合于样品的吸附。②加样和吸附，待分离的物质加入层析柱后，有些物质不被吸附，随着样品缓冲液流出层析柱，而有些物质则结合到离子交换剂上。③洗脱，增加洗脱液中盐的浓度或改变洗脱液的 pH，使结合的物质与离子交换剂的结合力减弱，从而被洗脱下来。结合弱的物质先洗脱下来，结合强的物质后洗脱下来。④再生，除去离子交换剂上结合牢固的杂质，以便进行下一轮层析。本实验采用弱碱型阴离子交换剂——DEAE – Sepharose Fast Flow（DEAE – Sepharose FF）对硫酸铵沉淀法分离得到的抗体粗品进行纯化。在 pH 8.8 时，抗体带负电荷，能结合在 DEAE – Sepharose FF 柱上，因此本实验选用 pH 8.8 的缓冲液作为样品缓冲液和洗脱液。加样之前，首先将抗体粗品透析到低盐缓冲液中。加样以后，一部分杂蛋白由于不被吸附而随着上样缓冲液流出。被吸附的蛋白质（包括抗体和杂蛋白）通过逐渐增加洗脱液中盐的浓度而洗脱下来。如果采用测 280 nm 光吸收值的检测方法，则得到如图 1 – 7 所示的洗脱曲线。其中，峰 1 在梯度洗脱之前出现，峰 2 大约在 0.08 mol/L NaCl，峰 3 大约在 0.16 mol/L NaCl 处出现。利用特异性抗体检测方法（例如，用 ELISA 和 Western blotting 方法），可以确定抗体主要存在于峰 2。

通过本实验初步掌握离子交换柱层析的原理和方法，了解离子交换柱层析在生化分析和分离中的应用。

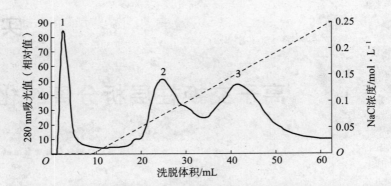

图 1 – 7 抗体粗品在 DEAE – Sepharose FF 离子交换柱上的洗脱曲线

离子交换柱：DEAE – Sepharose FF，1 cm × 2.5 cm；缓冲液 A：25 mmol/L Tris – HCl，pH 8.8；
缓冲液 B：25 mmol/L Tris – HCl，pH 8.8，含 1 mol/L NaCl；流速：0.5 mL/min；样品：
经过 33% ~50% 饱和硫酸铵沉淀得到的兔血清抗体粗品

【试剂与仪器】

1. 材料

兔血清

2. 试剂

(1) $(NH_4)_2SO_4$

(2) Tris

(3) 蒸馏水

(4) 浓 HCl

(5) NaCl

3. 仪器

(1) 玻璃层析柱:1 cm × 5 cm　　(2) 离子交换剂:DEAE – Sepharose Fast Flow

(3) 梯度混合器　　　　　　　　(4) 恒流泵

(5) 紫外检测仪(选用)　　　　　(6) 记录仪(选用)

(7) 自动部分收集器　　　　　　(8) 离心机

(9) 天平　　　　　　　　　　　(10) 透析袋(MWCO 10 000)

(11) 烧杯、量筒和容量瓶

【实验方法】

1. 配制溶液

(1) 饱和硫酸铵溶液

将 767 g $(NH_4)_2SO_4$ 边搅拌边慢慢加到 1 L 蒸馏水中,此即饱和度为 100% 的硫酸铵溶液 (4.1 mol/L,25℃)。

(2) 缓冲液 A:25 mmol/L Tris – HCl,pH 8.8

配制 100 mL 0.1 mol/L HCl:0.86 mL 浓 HCl,99.14 mL H_2O。

配制 2 000 mL 缓冲液 A:6.057 g Tris,85 mL 0.1 mol/L HCl,加水至 2 000 mL。

(3) 缓冲液 B:25 mmol/L Tris – HCl,pH 8.8,含 1 mol/L NaCl

配制 200 mL 缓冲液 B:200 mL 缓冲液 A,11.7 g NaCl。

2. 硫酸铵沉淀法分离抗体

(1) 取离心管一只,加入 2 mL 兔血清,2 mL 缓冲液 A(用来稀释血清),摇匀,逐滴加入饱和硫酸铵溶液 2 mL,边加边摇。静置 30 min,3 000 r/min 离心 30 min。

(2) 将上清液转移到另一个离心管中,逐滴加入饱和硫酸铵溶液,体积比为 3:1。

(3) 静置 30 min,使蛋白质充分沉淀,3 000 r/min 离心 30 min。

3. 透析

(1) 将上述沉淀溶于 1 mL 缓冲液 A,然后转入透析袋。

(2) 将透析袋浸在 200 mL 缓冲液 A 中,透析 2 h。

(3) 更换新的缓冲液 A,200 mL,继续透析 2 h。

(4) 更换新的缓冲液 A,200 mL,透析过夜,以彻底除去硫酸铵。

4. 层析系统的安装

按照图 1 – 8 所示,用细塑料管或乳胶管依次连接梯度混合器、层析柱、恒流泵、紫外检测仪和收集器。记录仪和检测仪之间通过导线连接。注意层析柱后的所有塑料管(包括层析柱与恒流泵、恒流泵与检测仪、检测仪与收集器之间的连接)应尽量细而且短,以避免柱后体积过大,导致分离后的样品扩散,影响分离效果。

本实验采用内径 1 cm、长 5 cm 的玻璃层析柱。柱上端为样品和洗脱液的入口端,与梯度混合器相连;柱下端为出口端,与恒流泵相连。

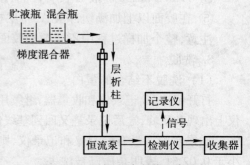

图 1 – 8　层析系统安装示意图

5. 装柱

参考实验 6 "凝胶过滤分离蛋白质" 的装柱方法,将层析柱垂直固定在架子上,首先向层析柱中加入少量缓冲液 A,排除玻璃砂板周围的气泡,然后将 DEAE – Sepharose FF 凝胶悬液(相当于 2 mL 凝胶)加入柱内,打开恒流泵(流速为 0.5 mL/min),使柱内的凝胶以相同速度沉降。注意,在装柱和使用层析柱的过程中,切勿引入气泡。胶面以上要保持一定高度的液面(大约 2 cm),以防气泡进入凝胶内部。

6. 转型和平衡

打开恒流泵(流速为 0.5 mL/min),首先用 10 ~ 20 mL 缓冲液 B 洗柱,将 DEAE – Sepharose FF 转变为氯型;然后用 20 mL 缓冲液 A 洗柱,使凝胶柱平衡,适于加样。

7. 加样

(1) 加样前的准备工作

① 凝胶柱:检查胶面是否平整,若不平,可用细玻璃棒轻轻搅动胶面上的洗脱液,使表面的凝胶颗粒浮起,然后让其自然沉降,使表面均匀。

② 洗脱液:在梯度混合器的混合瓶中加入缓冲液 A。加样之前要用缓冲液 A 洗柱,使层析系统稳定并调零;加样后也要用缓冲液 A 洗柱,除去不结合的物质。

③ 样品:经过透析的抗体粗品溶液。

④ 恒流泵:流速为 0.5 mL/min。

⑤ 检测仪和记录仪:预热至少 30 min,调检测仪波长为 280 nm,选择合适的量程(可选 0.2 A)和记录仪纸速(可选 6 cm/h)等参数,然后调零。调零步骤如下:首先打开恒流泵,使缓冲液 A 以 0.5 mL/min 的速度流经凝胶柱、恒流泵和检测仪。观察记录纸上的基线,当基线平稳后,对检测仪和记录仪进行调零。注意,调零结束后,在加样和洗脱过程中不要再调零。

⑥ 收集器:将收集器调到 5 min/管,出口对准第一管。

(2) 加样操作步骤

① 将层析柱入口端与梯度混合器断开,打开恒流泵,使胶面以上的洗脱液流出,当液面刚好进入凝胶时(凹液面刚好变水平),关闭恒流泵。

② 用滴管吸取样品,尽量贴近胶面,沿柱壁缓慢加入样品。

③ 样品加完后,打开恒流泵,同时打开记录仪和收集器(检测仪在整个层析过程中始终处于开的状态),当样品刚好全部进入凝胶时关闭恒流泵、记录仪和收集器。

④ 以 0.5 mL 缓冲液 A 代替样品,重复步骤②和③2 ~ 3 次。

⑤ 在胶面以上加满缓冲液 A,将层析柱入口端与梯度混合器相连。

注意,整个加样过程中不要搅动胶面。

8. 洗脱

(1) 洗脱不结合的蛋白

打开恒流泵、记录仪和收集器,继续用缓冲液 A 洗脱不结合的杂蛋白。随着洗脱的进行,记录仪上出现杂质峰,之后记录笔又回到基线位置,表明杂质已被洗去,关闭恒流泵、记录仪和收集器。

如果实验室没有检测仪和记录仪,则需要检测柱后流出液在 280 nm 的光吸收值。当吸收值小于 0.02 时,表明杂质已被洗去。

(2) 洗脱结合的蛋白

本实验采取连续梯度洗脱方式,由 100% 缓冲液 A 逐渐变成 100% 缓冲液 B。操作步骤包括:①在梯度混合器的混合瓶中准确加入 100 mL 缓冲液 A,在贮液瓶中准确加入 100 mL 缓冲液 B。注意:梯度洗脱器底部的连通管要事先充满缓冲液 A,赶尽气泡。打开两瓶之间的连通阀和出口阀,打开电磁搅拌器。②在记录仪的记录纸上做好标记,标上梯度洗脱起始点。③同时开启恒流泵、记录仪和收集器。随着洗脱的进行,可观察到记录纸上先后出现两个主要的蛋白洗脱峰。当记录笔重新回到基线位置时,洗脱结束,关闭梯度混合器、恒流泵、检测仪、记录仪和收集器。梯度洗脱总共需要 2 ~ 3 h。

如果实验室没有检测仪和记录仪,则在洗脱结束以后,手动检测各收集管中流出液在 280 nm 的光吸收值。

9. 凝胶的再生和平衡

用 20 mL 缓冲液 B 洗柱,然后用 20 mL 缓冲液 A 洗柱(平衡),之后可进行下一个样品的层析。

10. 抗体的检测(选做)

从各收集管中取出 1 ~ 20 μL,用 ELISA 方法检测。

从各收集管中取出 20 μL 用 SDS – PAGE 和 Western blotting 方法检测。此外,可利用考马斯亮蓝染色,根据条带的相对分子质量大小(例如 IgG 抗体的重链是 5×10^4,轻链是 2.5×10^4)来判断抗体是否存在。

【实验结果】

以层析流出液管数(或体积)为横坐标,以相应各管的 $A_{280\,nm}$ 值为纵坐标,绘制洗脱曲线。如果实验中使用检测仪和记录仪,则不必绘制洗脱曲线。

在洗脱曲线图的边缘,记录好时间、层析柱尺寸、离子交换剂的型号、样品量和体积、洗脱液、洗脱梯度、流速、实验中使用的各种仪器及参数设置等实验条件。

【注意事项】

1. 凝胶十分昂贵,操作要小心,避免浪费。

2. 如果长时间不用,凝胶柱和凝胶需要加防腐剂保存。20% 乙醇和 0.02% 叠氮钠为常用防腐剂。

3. 在实验课安排方面,可根据实验室条件对实验内容做适当调整。

(1) 凝胶:DEAE – Sepharose FF 比较贵,但性能好,可以重复使用,市场上能买到 25 mL 的小包装。除了 DEAE – Sepharose FF 以外,其他阴离子交换剂,如国产 DEAE – 纤维素也可以用,但层析条件略有不同。

(2) 洗脱方式:若采取连续梯度洗脱方式进行洗脱,则需要梯度混合器。如果实验室不具备此条件,可采取不连续梯度洗脱方式,例如首先用不含盐的缓冲液洗脱,然后依次用含有 0.1 mol/L 和 0.2 mol/L NaCl 的缓冲液洗脱。

(3) 检测方式:若采取在线检测方式记录洗脱情况,则需要紫外检测仪和记录仪。如果实验室不具备此条件,可利用收集器收集洗脱液,然后利用紫外分光光度计检测每一收集管中液体在 280 nm 的吸收值,以洗脱体积为横坐标、吸收值为纵坐标作图,得到洗脱曲线。

【思考题】

1. 应用哪些方法能够降低样品溶液中盐的浓度？简述各种方法的优缺点及适用范围。
2. 离子交换层析与蛋白质的等电点有无关系？试分析说明。

实验 *8*

聚丙烯酰胺凝胶圆盘状电泳法 分离血清蛋白

【背景与目的】

聚丙烯酰胺凝胶电泳(poly-acrylamide gel electrophoresis, PAGE)常用于蛋白质的分离鉴定，也可用于分离小分子核酸或核酸片段。此外，由于聚丙烯酰胺凝胶纯度高及不溶性，不致污染样品，该法还适用于少量样品的制备。聚丙烯酰胺凝胶机械强度好，透明且有弹性，化学性质比较稳定，受 pH 和温度的变化影响较小，在很多溶剂中不溶，是非离子型的，几乎不产生吸附和电渗作用。在制备凝胶时通过改变单体浓度和交联度，可以根据实验目的及样品分子特性，随意控制凝胶孔径大小，且制备的凝胶重复性好。

聚丙烯酰胺凝胶是由丙烯酰胺(acrylamide, Acr)和交联剂甲叉双丙烯酰胺(N, N′ - methylene bisacrylamide, Bis)在催化系统的作用下聚合而成的具有三维网状立体结构的大分子物质。本实验以四甲基乙二胺(TEMED)为加速剂，过硫酸铵(AP)为引发剂。

$$\text{丙烯酰胺} + \text{甲叉双丙烯酰胺} \xrightarrow[\text{TEMED}]{\text{AP}} \text{聚丙烯酰胺}$$

一般情况下,凝胶的浓度大或交联度大,蛋白质迁移的速度慢,电泳时间长,反之迁移速度快,电泳时间短。通常凝胶的筛孔透明度和弹性是随着凝胶浓度的增加而降低的,而机械强度却随着凝胶浓度的增加而增加。

聚丙烯酰胺凝胶电泳之所以能把蛋白质混合物分离开来,主要取决于被分离分子的大小、形状及分子所带的电荷等因素。

本实验采用电泳基质的不连续体系,这种不连续的 PAGE 在电泳过程中有三种物理效应:①样品的浓缩效应;②凝胶的分子筛效应;③一般电泳分离的电荷效应。

下面就这三种物理效应的原理加以说明。

1. 样品的浓缩效应

由于电泳基质的 4 个不连续性,使样品在电泳时受到浓缩效应的影响,区带变窄,然后再被分离。

（1）凝胶层的不连续性

浓缩胶为大孔凝胶,凝胶浓度 2.5%,用光聚合法制备,有防对流作用,样品在其中浓缩。分离胶为小孔胶,凝胶浓度 7%,一般采用化学聚合法制备,样品在其中进行电泳和分子筛分离,也有防对流作用。由于凝胶层的不连续性,蛋白质分子在大孔与小孔凝胶中受到的阻力不同,移动速度由快变慢,在界面处就会使样品浓缩,区带变窄。

（2）缓冲液离子成分和 pH 的不连续性

浓缩胶 pH 6.7,分离胶 pH 6.9,电极缓冲液 pH 8.3,在浓缩胶与分离胶之间 pH 的不连续性,控制了慢离子的解离度,从而控制其有效迁移率。在浓缩胶中,甘氨酸只有小部分成为负离子(pI 为 6.0);蛋白质样品均以负离子形式存在,所以,它们的有效迁移率按下列次序排列:$m_{cl-} \cdot \alpha_{cl-} > m_{pr-} \cdot \alpha_{pr-} > m_{Gly}\alpha_{Gly}$。从而起到进一步浓缩蛋白质的作用。

样品进入分离胶后,甘氨酸全部成为负离子,其泳动率超过蛋白质样品,蛋白质样品被留在后面,仅按分子筛效应和电荷效应进行分离。

（3）电位梯度的不连续性

在不连续系统中自动形成电位梯度差异,电位梯度的高低将直接影响电泳速度的快慢。电泳开始后,由于快离子的迁移率最大,就会很快超过蛋白质,因此在快离子的后边形成一个离子浓度低的区域即低电导区。由于电导与电位梯度成反比:电位梯度(E)＝电流强度(I)/电导率(η),所以低电导区就有了较高的电位梯度。这种高电位梯度使蛋白质在快离子后面加速移动,追赶快离子。夹在快、慢离子间的蛋白质样品就在这个追赶中被逐渐地压缩聚集成一条狭窄的区带。

2. 分子筛效应

相对分子质量大小和形状不同的蛋白质通过一定孔径的分离胶时,待分离分子通过凝胶网孔的能力取决于凝胶孔的大小和形状,也取决于被分离分子的形状及大小。不同蛋白质分子受凝胶阻滞的程度不同,因此表现出不同的迁移率,即所谓分子筛效应。

3. 电荷效应

由于每种蛋白质分子所载有效电荷不同,因而迁移率不同。承载有效电荷多的,泳动得快,反之则慢。

由于这 3 种物理效应,使样品分离效果好,分辨率高。例如血清用醋酸纤维素薄膜电泳只能分成 5 ~ 7 条带,而用不连续 PAGE 则可分成 20 ~ 30 个条带清晰的成分。

通过本实验掌握聚丙烯酰胺凝胶电泳的基本原理和操作技术。

【试剂与仪器】

1. 材料

血清

2. 试剂

（1）贮液和工作溶液

贮液	100 mL 溶液中的含量		pH	工作溶液混合比
1	1 mol/L 盐酸	48.0 mL	8.9	小孔凝胶（分离胶）： 1 份 1 号贮液 2 份 2 号贮液 1 份水 4 份 3 号贮液 pH 8.9，凝胶浓度7%
	Tris	36.6 g		
	TEMED	0.23 mL		
2	Acr	28.0 g		
	Bis	0.753 g		
3	过硫酸铵*	0.14 g		
4	1 mol/L 盐酸	约48 mL	6.7	大孔凝胶（浓缩胶、样品胶）： 1 份 4 号贮液 2 份 5 号贮液 1 份 6 号贮液 4 份 7 号贮液 pH 6.7，凝胶浓度2.5%
	Tris	5.98 g		
	TEMED	0.46 mL		
5	Acr	10.0 g		
	Bis	2.5 g		
6	核黄素	4.0 mL		
7	蔗糖	40.0 g		

* 过硫酸铵：140 mg 过硫酸铵加水至 100 mL，冰箱内保存一周。

（2）电极缓冲液：pH 8.3，Tris 6.0 g，甘氨酸 28.8 g，加水到 1 000 mL。用时稀释 10 倍。

（3）染色液：1% 氨基黑 10 B 于7% 醋酸溶液中。

（4）漂洗液：7% 醋酸溶液。

3. 仪器

（1）1 mL 自动取液器　　　　　　　（2）电泳玻璃管（内径 1 ~ 1.5 mm，长 10 cm）

（3）稳压直流电源（500 V）　　　　　（4）圆盘电泳槽

（5）容量瓶 25 mL、10 mL　　　　　　（6）10 mL 滴管

（7）医用穿刺器械长针头（6 号，针长 1 cm）　（8）培养皿（直径 10 cm）

【实验方法】

1. 样品的处理

血清 0.2 mL，置于 37 ℃ 水浴中保温 30 min 后，再加入 400 g/L 蔗糖溶液 0.2 mL 和少量溴酚蓝 0.2 mL，混匀待用。指示染料溴酚蓝是在电泳迁移时的可见标志。

2. 凝胶的制备

一般先制分离胶，再在分离胶上面制作浓缩胶。

将洗净干燥的凝胶管一端插入固定在有机玻璃底座上的青霉素小瓶橡皮帽中，使其垂直站立。与橡皮接触的部分凝胶不易聚合，可在橡皮帽的孔中先加一滴 400 g/L 的蔗糖液。

（1）分离胶的制备

首先，按表中配方配制分离胶（过硫酸铵要单独放置，真空抽气后再混合），轻轻混匀，用滴管加入凝胶管至管长的 2/3 处。然后用带弯针头（弯度正好使针孔能紧靠玻璃管壁）的小注射器在分离胶上加水层，以隔离空气中的氧，并使凝胶形成后表面平坦，否则会影响分辨率和带形。正常情况下，30 min 左右聚合完成。待凝胶聚合完全后，用滤纸吸去覆盖的水层。

（2）浓缩胶的制备

首先，按表中配方配制浓缩胶（核黄素单独放置，真空抽气后再混合）。用滴管加至分离胶表面上 0.5～1 cm 高，立即加入水封，光照下聚合，除去水层。

（3）把玻璃管下边的橡皮帽除去，要注意先挤开橡皮帽使空气进入，再拔下来，防止凝胶拉坏。下槽中放满缓冲液，安装时要特别注意保证凝胶管垂直和橡胶塞孔密封不漏，并使玻璃管浸入到下槽缓冲液中，避免玻璃管下口与缓冲液接触的地方产生气泡，并在管上端凝胶表面加满电极缓冲液备用。

3．加样

将制备好的血清样品液约 30～50 μL 小心加在浓缩胶与电极缓冲液界面处。

4．电泳（图 1－9）

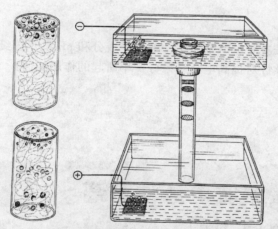

图 1－9　聚丙烯酰胺凝胶圆盘状电泳法分离血清蛋白示意图

在上槽中注满缓冲液，连接直流稳压电源，负极在上，正极在下，打开电源开关，调节电流 2～3 mA/管。可根据样品的迁移速度进行适当的调节。太高的电流会造成产热量大，使蛋白变性。

电泳时间可根据指示染料的迁移来决定，当指示染料已迁移至管长的 3/4 距离时，即可停止电泳，关闭电源，取出玻璃管。

5．剥胶

用带有 10 cm 针头的注射器，内装蒸馏水作润滑剂，将针头插入凝胶柱与管壁之间，一边注水一边轻轻旋转，至凝胶在水的润滑作用下滑出。也可用洗耳球轻轻在胶管一端加压，使凝胶柱从玻璃管中缓慢滑出。

6．固定、染色、漂洗

凝胶取出后用含氨基黑 10 B 的 7% 醋酸溶液固定染色 10 min，用水清洗，再放在 7% 醋酸中脱去背景色。每天换一次漂洗液,直至色带清晰为止。

【实验结果】

正常牛血清可见20余条蛋白带。

【注意事项】

1. Acr和Bis是神经性毒剂,同时对皮肤有刺激作用,操作时应避免与皮肤接触。大量操作(如纯化)时可在通风橱中进行,避免吸入其尘埃。一般只要小心操作,不会引起损伤。

2. 过硫酸铵溶液最好是当天配制。丙烯酰胺和甲叉双丙烯酰胺固体贮于棕色瓶中,保持干燥与较低温度(4℃)很稳定。丙烯酰胺和甲叉双丙烯酰胺贮液宜贮于棕色瓶中,放置冰箱(4℃)以减少水解,但只能贮存1~3月。可测pH(4.9~5.2)来检查是否失效,失效液不能聚合。

3. 在加电极缓冲液之前,应该先对上槽是否严密不漏进行检测,之后方可加入大量的缓冲液。

4. 缓冲液可多次使用,但应注意上、下槽缓冲液不能混合或互换,因下槽中混入了催化剂及氯离子,如将下槽的缓冲液用于上槽,则影响电泳。

5. 电泳初期,要从低到高调节电流,最好不要超过5 mA/管,以免产生大量的热量。

【思考题】

1. 怎样理解聚丙烯酰胺凝胶电泳基质缓冲液离子成分和pH的不连续性?

2. 电泳基质的不连续性对提高电泳结果分辨率所起的作用如何?

实验 *9*

聚丙烯酰胺凝胶电泳法分离乳酸脱氢酶同工酶

【背景与目的】

乳酸脱氢酶(lactate dehydrogenase,LDH)广泛存在于机体组织细胞的胞质内,是糖酵解过程中的关键酶之一,可催化下列可逆反应:

$$\underset{\text{乳酸}}{\underset{\overset{\displaystyle COOH}{|}}{\underset{\overset{\displaystyle CH_3}{|}}{HO-CH}}} + \underset{\text{氧化型辅酶 I}}{NAD^+} \underset{pH\,7.4\sim7.8}{\overset{\overset{\displaystyle LDH}{pH\,8.8\sim9.8}}{\rightleftharpoons}} \underset{\text{丙酮酸}}{\underset{\overset{\displaystyle COOH}{|}}{\underset{\overset{\displaystyle CH_3}{|}}{C=O}}} + \underset{\text{还原型辅酶 I}}{NADH} + H^+$$

LDH 的相对分子质量约 $(1.35 \sim 1.40) \times 10^4$，有 5 种同工酶，已知 LDH 同工酶是由 H 亚基及 M 亚基按不同比例组成的四聚体。各种 LDH 同工酶的一级结构、理化性质及生物学性质各不相同，具有不同的 pI，在 $pH > pI$ 的条件下电泳，各种同工酶泳动速度不同，从阴极向阳极排列依次为 $LDH_5(M_4)$、$LDH_4(M_3H)$、$LDH_3(M_2H_2)$、$LDH_2(H_3M)$、$LDH_1(H_4)$。

LDH 同工酶有组织特异性，LDH_1 在心肌中相对含量高，而 LDH_5 在肝、血小板、骨骼肌中相对含量高。成年健康人 $LDH_2 > LDH_1 > LDH_3 > LDH_4 > LDH_5$，心梗病人 $LDH_1 > LDH_2$，患恶性肿瘤 $LDH_3 > LDH_1$，$LDH_5 > LDH_4$ 常见于肝损伤，因此，LDH 同工酶相对含量的改变，在一定程度上可反应某脏器的功能状况。临床上常利用这些同工酶在血清中相对含量的改变作为某脏器病变鉴别诊断的依据。

LDH 可溶于水及稀盐溶液，因而组织经匀浆、浸泡、离心，其上清液即为含 LDH 的组织液。临床上常用醋酸纤维素薄膜电泳、琼脂糖凝胶电泳及聚丙烯酰胺凝胶电泳分离 LDH 及其同工酶。这 3 种不同支持物电泳及染色原理完全相同，但灵敏度有差异。

LDH 同工酶底物染色显色反应如下：

乳酸　　　NAD⁺ ←　　PMSH₂　　NBT（无色）
　　　 LDH
丙酮酸 ←　　NADH（H⁺）　　PMS　　NBTH₂（蓝紫色）

反应式中 PMS 为甲硫吩嗪（phenazine methosulfate），NBT 为氯化硝基四氮唑蓝（nit‐roblue tetrazolium chloride）的缩写，它们都是接受电子的染料。LDH 与底物染色液在 37 ℃ 温浴中脱下的氢最后传递给 NBT，生成蓝紫色的 NBTH₂，此物不溶于水，有利于显色后区带的保存，但可溶于氯仿及 95% 乙醇的混合液中。因此，电泳后的显色区带可通过浸泡法浸出，于 560 nm 比色，也可用光吸收扫描仪扫描得出 LDH 同工酶间相对百分含量。

通过本实验学习掌握用聚丙烯酰胺凝胶电泳法分离乳酸脱氢酶同工酶的方法，了解临床上检测乳酸脱氢酶同工酶的意义。

【试剂与仪器】

1. 材料

人（动物）新鲜血清。

动物组织提取液：组织质量与组织匀浆缓冲液体积比为 $1:5$ 或 $1:10$（g/mL）。

2. 试剂

（1）PAGE 有关试剂：凝胶贮液，凝胶缓冲液，电极缓冲液，洗脱液，配制方法见实验 8。

（2）LDH 同工酶染色贮存液

5 mg/mL 氧化型辅酶 I 溶液：称 50 mg NAD⁺，加蒸馏水 10 mL，置棕色试剂瓶，4 ℃ 贮存，可稳定两星期。

1 mol/L 乳酸钠溶液：取 60% 乳酸钠溶液 9.25 mL，加蒸馏水定容至 50 mL。置棕色瓶中，4 ℃ 贮存。

0.1 mol/L 氯化钠溶液：称 0.584 g NaCl，加蒸馏水溶解并定容至 100 mL。

1 mg/mL 甲硫吩嗪（PMS）溶液：称 5 mg PMS，加蒸馏水 5 mL 使其溶解。

1 mg/mL 氯化硝基四氮唑蓝（NBT）溶液：称 20 mg NBT，加蒸馏水 20 mL 使其溶解。

PMS 及 NBT 溶液遇光不稳定,应置于棕色试剂瓶中,4 ℃贮存。若黄色溶液变绿,则不能应用,需重新配制。

0.5 mol/L 磷酸盐缓冲溶液(或 Tris – HCl 缓冲液),pH 7.5。

3. 仪器

可见光分光光度计或光密度扫描仪

【实验方法】

1. 制备组织匀浆缓冲液

配制 0.01 mol/L 磷酸盐缓冲溶液,pH 6.5,需 4 ℃预冷。组织质量(g)与缓冲液体积(mL)之比为 1∶10。用玻璃匀浆器在冰浴中匀浆,将匀浆液置离心管中 10 000 r/min 离心 10～15 min,取上清液进行电泳。

2. 电泳仪安装及凝胶配制

电泳仪安装及凝胶配制参见实验 8。

3. 预电泳

为防止 LDH 及其同工酶受凝胶聚合后残留物的影响,引起酶的钝化或其他人为效应,在加样前,应进行预电泳,电泳条件 10 mA,2 h。关闭电源后准备加样。

4. 加样

取 10～15 μL 血清或组织匀浆,加等体积 400 g/L 蔗糖(内含少许 1% 溴酚蓝)混匀后,用微量注射器吸取 20～30 μL 点入大孔胶上部。

5. 电泳

电泳条件见实验 8。

6. 染色与漂洗

将乳酸脱氢酶活性染色贮液按下表配方配成染色液。取出电泳后的胶条于染色液中染色至出现蓝紫色条带后方可取出。取出后于 7% 乙酸中漂洗。

成分	贮液 配制	染液
NAD$^+$	50 mg NAD$^+$,10 mL 蒸馏水	4.0 mL
PMS	5 mg PMS,5 mL 蒸馏水	1.0 mL
NBT	20 mg NBT,20 mL 蒸馏水	10.0 mL
乳酸钠	9.25 mL 60% 乳酸钠溶液,蒸馏水定容至 50 mL	2.5 mL
NaCl	0.1 mol/L	2.5 mL
Tris – HCl	0.5 mol/L	5.0 mL

【实验结果】

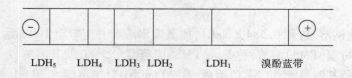

LDH_5　　LDH_4　　LDH_3　LDH_2　　　LDH_1　　　溴酚蓝带

【注意事项】

1. 制备组织匀浆时,一般用 0.01 mol/L pH 6.5 磷酸盐缓冲液,此溶液需 4 ℃预冷。
2. 电泳时,电流不要太高,应防止热效应引起 LDH 同工酶失活。
3. LDH 同工酶活性染色时,当大多数条带均显蓝紫色即可终止染色。

【思考题】

1. 简述 LDH 同工酶活性染色原理。
2. 总结做好本实验的关键步骤有哪些。

实验 *10*

聚丙烯酰胺凝胶电泳法分离
过氧化物酶同工酶

【背景与目的】

　　同工酶是指能催化同一化学反应、但其酶蛋白本身的分子结构组成却有所不同的一组酶。它们可存在生物的同一种属或同一个体的不同组织中,甚至同一组织、同一细胞中,但其理化性质及反应机制不同。研究表明,同工酶与生物的遗传、生长发育、代谢调节及抗性等都有一定关系,测定同工酶在理论上和实践上都有重要的意义。

　　过氧化物酶是植物体内普遍存在的、活性较高的一类酶,过氧化物酶能催化以下反应:

$$2H_2O_2 \Longrightarrow O_2 + 2H_2O$$

这类酶以铁卟啉为辅基,属血红素蛋白质类。过氧化物酶在细胞代谢的氧化还原过程中起重要的作用,它与呼吸作用、光合作用及生长素的氧化等都有关系。在植物生长发育过程中,它的活性不断发生变化。因此,测定这种酶的活性或其同工酶,可以反映某一时期植物体内代谢的变化。

　　本实验利用聚丙烯酰胺凝胶电泳分离过氧化物酶同工酶,用酶活性染色的方法鉴定过氧化物酶同工酶。

【仪器与试剂】

1. 材料

植物叶片或其他植物材料

2. 试剂

(1) 20 g/L 琼脂液:取 2 g 琼脂,用电极缓冲液 100 mL 浸泡,用前加热熔化。

　　（2）分离胶缓冲液（pH 8.9）：取 1 mol/L HCl 48 mL、Tris 36.3 g、TEMED 0.28 mL，溶解后定容至 100 mL。

　　（3）分离胶贮存液：取 Acr 28.0 g、Bis 0.735 g，加水使其溶解后定容至 100 mL，过滤除去不溶物，置棕色瓶中，于 4 ℃贮存。

　　（4）浓缩胶缓冲液（pH 6.7）：取 1 mol/L HCl 48 mL、Tris 5.98 g、TEMED 0.46 mL，溶解后定容至 100 mL。

　　（5）浓缩胶贮存液：取 Acr 10 g、Bis 2.5 g，加水使其溶解后定容至 100 mL，过滤除去不溶物，置棕色瓶中，于 4 ℃贮存。

　　（6）过硫酸铵溶液：取 0.14 g 过硫酸铵加水溶解，定容至 100 mL，现配现用。

　　（7）电极缓冲液（pH 8.3）：取 Tris 6.0 g、甘氨酸 28.8 g，加水至 900 mL，调 pH 8.3 后，用水定容至 1 000 mL，用时稀释 10 倍。

　　（8）样品提取液（pH 8.0）：取 Tris 1.2 g，加水至 400 mL，调 pH 8.0 后，用水定容至 500 mL。

　　（9）400 g/L 蔗糖溶液：取 20 g 蔗糖用水溶解，定容至 50 mL。

　　（10）乙酸缓冲液：取 70.52 g 乙酸钠，溶于 500 mL 水中，再加 36 mL 无水乙酸，定容至 1 000 mL。

　　（11）7% 乙酸溶液：取 19.4 mL 36% 乙酸溶液稀释至 100 mL。

　　（12）0.5% 溴酚蓝溶液：取 0.5 g 溴酚蓝溶解于 2 mL 无水乙醇中，定容至 100 mL。

　　（13）联苯胺染色液：取 0.1 g 联苯胺溶于 5 mL 无水乙醇中，加 1.5 mol/L 乙酸钠 10 mL、1.5 mol/L 乙酸 10 mL、水 70 mL，用前滴加 H_2O_2 原液 5 滴。

　　3. 仪器

　　（1）电泳仪（稳压电源及夹心式垂直管电泳槽）　　（2）高速离心机

　　（3）真空泵　　　　　　　　　　　　　　　　　　　（4）真空干燥器

　　（5）抽滤瓶　　　　　　　　　　　　　　　　　　　（6）微量加样器

【实验方法】

　　1. 安装夹心式垂直管电泳槽

　　2. 制备分离胶

　　3. 制备浓缩胶

　　4. 制备样品

　　称取植物叶片（或其他植物材料）0.5 g，放入研钵内，加样品提取液 1 mL，于冰浴中研成匀浆，用 5 mL 提取液分几次洗入离心管中，在高速离心机上以 4 000 r/min 的转速离心 10 min 后，倒出上清液，加入等量的 400 g/L 蔗糖溶液，再加 1 滴溴酚蓝溶液，混合均匀，留作点样。

　　5. 加样

　　用微量加样器按号向凝胶样品槽中加样，每个样品槽加样体积为 30～50 μL。

　　6. 电泳

　　加样完毕，上槽接负极，下槽接正极，打开直流稳压电源，开始可先用低压（50～70 V），样品过了浓缩胶，再升压至 100 V 进行电泳。待指示剂迁移至距凝胶下端约 1 cm 处，停止电泳。电泳过程中可用自来水冷却。

　　7. 染色

　　电泳完毕，剥离出凝胶，将凝胶浸没于 pH 4.7 的乙酸缓冲液中，活化 10 min。倒去乙酸缓冲液,加入染色液,待蓝色条带显全后,倒去染色液,加入 7% 的乙酸溶液固定,色带逐渐变成褐色。记录酶谱、绘图或照相,并予以比较分析。

【注意事项】

1. 加样量不宜过多,以免条带分辨不清或拖尾。
2. 最好将电泳温度控制在 4 ℃左右,以免酶的活性下降。

【思考题】

说明酶活性染色法鉴定过氧化物酶同工酶的原理。

实验 11

SDS - 聚丙烯酰胺凝胶电泳法测定
蛋白质相对分子质量

【背景与目的】

测定蛋白质相对分子质量的方法很多,如 SDS - 聚丙烯酰胺凝胶电泳法(sodium dodecyl sulfate polyacrylamide gel electrophoresis,简称为 SDS - PAGE)、渗透压法、超离心法、凝胶过滤法等。SDS - PAGE 法与其他方法相比,所需仪器设备较简单,操作方便,重复性较好,且不需非常纯的样品,因而被广泛用于蛋白质相对分子质量测定及蛋白质纯度鉴定,是蛋白质化学研究工作的一种常用的重要研究方法。

聚丙烯酰胺凝胶电泳之所以能把蛋白质混合物分离开来,除决定于被分离分子的大小和形状外,还决定于分子所带的电荷等因素。应用凝胶电泳测定蛋白质的相对分子质量,就必须设法消除蛋白质分子之间的电荷差异,使其迁移率的大小只取决于相对分子质量的大小。1967 年,Shapiro 等人发现,如果在聚丙烯酰胺凝胶系统中加入阴离子去污剂十二烷基硫酸钠(sodium dodecylsulfate,SDS),则蛋白质分子的电泳迁移率主要取决于它的分子大小,而与所带电荷和形状无关。后来 Weber 等人完善了该方法,证实 SDS - 凝胶电泳法是一种简便、快速测定蛋白质相对分子质量 M_r 的方法。

SDS - 凝胶电泳测定 M_r 的机理主要是在蛋白质溶液中加入 SDS 及巯基乙醇后,巯基乙醇能使蛋白质分子中的二硫键还原,SDS 能使蛋白质分子的氢键、疏水键打开,去折叠,蛋白质构象发生变化,伸展的蛋白质分子与 SDS 结合,形成蛋白质 - SDS 复合物(图 1 - 10)。当 SDS 单体浓度大于 1 mmol/L 时,大多数蛋白质与 SDS 结合的质量比可达 1∶1.4(1.4 g SDS/1 g 蛋白质)。由于 SDS 分子的十二烷基硫酸根带负电荷,因此使不同蛋白质的 SDS - 蛋白质复合物都带上相同密度的

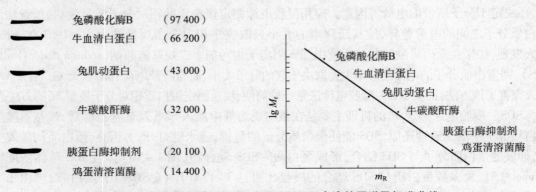

图 1-10　SDS 分子式及蛋白质-SDS 复合物模式图

负电荷,其所带的负电荷量大大超过了蛋白质分子原有的电荷量,因而消除了不同种类蛋白质分子间的电荷差异。蛋白质-SDS 复合物呈长椭圆棒状,其短轴长度均约为 1.8 nm,而长轴则与蛋白质 M_r 成正比。蛋白质-SDS 复合物的电泳迁移率仅仅取决于蛋白质 M_r 这一主要参数。在蛋白质 M_r 为 $15 \times 10^3 \sim 200 \times 10^3$ 的范围内,电泳迁移率与 M_r 的对数呈线性关系,可以下式表示:

$$\lg M_r = k - bm_R$$

式中,M_r 为蛋白质相对分子质量,k 为截距,b 为斜率,m_R 为相对迁移率。在一定条件下,k 和 b 均为常数。这里的蛋白质相对迁移率 m_R 是用电泳后每个带的迁移距离除以溴酚蓝前沿的迁移距离得到的。

相对迁移率 (m_R) = 蛋白样品带迁移距离/溴酚蓝迁移距离

如果凝胶厚度 > 1 mm,由于染色、脱色和保存过程中凝胶的膨胀或收缩将影响迁移率的变化,因此必须测量固定前和脱色后的凝胶的长度并按下式换算,以消除误差。

相对迁移率 (m_R) = (蛋白样品带迁移距离/溴酚蓝迁移距离) × (凝胶染色前长度/凝胶脱色后长度)

根据上述方程,可以以一系列已知 M_r 的标准蛋白质进行 SDS-凝胶电泳,然后用每个已知 M_r 的标准蛋白质的电泳相对迁移率作横坐标,以 M_r 的对数作纵坐标作图得一直线,即为蛋白质 M_r 的标准曲线。待测 M_r 的未知蛋白质分子与标准蛋白质在相同条件下(同一块胶)进行电泳,测出其电泳迁移率,即可在标准曲线中求出其近似 M_r(图 1-11)。

兔磷酸化酶B	(97 400)
牛血清白蛋白	(66 200)
兔肌动蛋白	(43 000)
牛碳酸酐酶	(32 000)
胰蛋白酶抑制剂	(20 100)
鸡蛋清溶菌酶	(14 400)

图 1-11　标准蛋白质经 12% SDS-PAGE 电泳的图谱及标准曲线

通过本实验学习 SDS – PAGE 的操作技术,掌握 SDS – PAGE 测定蛋白质相对分子质量的基本原理。

【试剂与仪器】

1. 材料

小牛血清

2. 试剂

(1) 丙烯酰胺凝胶贮备液:取 30 g 丙烯酰胺(Acr)和 0.8 g 双丙烯酰胺(Bis)溶于双蒸水中,并定容至 100 mL,过滤后 4 ℃下贮存备用,可保存 1 ~ 2 个月。

(2) 100 g/L 过硫酸铵:称取过硫酸铵 1 g,溶于 10 mL 双蒸水中,用前配制。

(3) 1.5 mol/L Tris – HCl,pH 8.8 分离胶缓冲液:称取 18.15 g Tris,用 60 mL 双蒸水溶解,再用 4 mol/L 盐酸调节至 pH 8.8,然后定容至 100 mL,4 ℃保存。

(4) 0.5 mol/L Tris – HCl,pH 6.8 浓缩胶缓冲液:称取 6 g Tris,用 60 mL 双蒸水溶解,再用 4 mol/L 的盐酸调节至 pH 6.8,然后定容至 100 mL,4 ℃保存。

(5) 10% SDS 溶液:取 10 g SDS 溶于 80 mL 双蒸水中,并轻缓搅拌(室温低时需水浴溶解),再定容至 100 mL,室温存放。

(6) 样品缓冲液:分别取双蒸水 4 mL,0.5 mol/L Tris – HCl,pH 6.8 缓冲液 1.0 mL,甘油 0.80 mL,100 g/L SDS 1.6 mL,巯基乙醇 0.4 mL,1 g/L 溴酚蓝 0.2 mL,总体积为 8 mL,4 ℃保存。

(7) 电极缓冲液:称取 3 g Tris,14.4 g 甘氨酸,1 g SDS,用水溶解后,定容至 1 000 mL,pH 8.3。

(8) 染色液:取 1 g 考马斯亮蓝 R250,溶于 250 mL 甲醇及 100 mL 无水乙酸中,溶解后定容至 1 000 mL。

(9) 脱色液:250 mL 甲醇(或乙醇)与 100 mL 无水乙酸混匀后,定容至 1 000 mL。

(10) 低 M,标准蛋白质混合物:(兔磷酸化酶 B 97 400;牛血清白蛋白 66 200;兔肌动蛋白 43 000;牛碳酸酐酶 32 000;胰蛋白酶抑制剂 20 100;鸡蛋清溶菌酶 14 400)。

3. 仪器

(1) 电泳仪(600 V,恒流,恒压)　　　(2) 垂直平板电泳槽

(3) 微量注射器(100 μL)　　　(4) 1 mL 自动取液器

(5) 玻璃注射器及注射针头

【实验方法】

1. 按下表配制凝胶液

(1) 分离胶配方

凝胶质量浓度 T	15%	12%	10%	7.5%
双蒸水	4.68 mL	6.68 mL	8.03 mL	9.68 mL
分离胶缓冲液(pH 8.8)	5.0 mL	5.0 mL	5.0 mL	5.0 mL
100 g/L SDS	200 μL	200 μL	200 μL	200 μL
30% 丙烯酰胺凝胶溶液	10 mL	8.0 mL	6.66 mL	5 mL
100 g/L 过硫酸铵	100 μL	100 μL	100 μL	100 μL

续表

室温脱气 10～15 min				
TEMED	20 μL	20 μL	20 μL	20 μL
总体积	20 mL	20 mL	20 mL	20 mL

（2）浓缩胶配方（4.0% T,0.125 mol/L,Tris－HCl,pH 6.8）

双蒸水	3.0 mL
0.5 mol/L Tris－HCl,pH 6.8	1.25 mL
100 g/L SDS	50 μL
30% 丙烯酰胺凝胶溶液	0.67 mL
100 g/L 过硫酸铵	25 μL
室温脱气 10～15 min	
TEMED	5.0 μL
总体积	5.0 mL

2. 灌胶及聚合

取垂直平板电泳槽,将两块长短不等的玻璃板取出洗净、晾干,安装好玻璃板。将配好的分离胶沿着凝胶的长玻璃板的内面缓缓倒入,小心不要产生气泡,给浓缩胶和梳子留出一定的空间,轻轻在胶面上加上一层约 0.5 cm 厚的双蒸水层,作水封。加水时,注意不要扰动凝胶液面,避免产生气泡,保证凝胶能正常聚合,室温下静置约 30～40 min,当水封层与凝胶面之间出现非常明显的界面时,即表示凝胶已聚合完全。此时可用装有针头的注射器将水层吸掉,并以滤纸吸干多余的液体,然后沿玻璃板向夹缝中加入浓缩胶。当胶液加到距短玻璃板上沿 1 cm 处,把梳状样品槽模插入胶层顶部,待凝胶聚合后取出。

3. 蛋白质样品的处理

取小牛血清白蛋白 0.1 mg 或其他待测样品（作为未知样品）分别溶解于 20～50 μL 样品缓冲液中,置沸水浴中加热 3 min,取出冷却至室温。

4. 点样

向上、下槽内注入电极缓冲液,上槽缓冲液必须盖过短玻璃板。用微量注射器取标准样品及待测样品各 20～30 μL,分别加入样品槽内。

5. 电泳

上槽接负极,下槽接正极,然后打开电源开关进行电泳。开始时电流控制在 10 mA,待样品从浓缩胶进入分离胶后,将电流调节至 20～25 mA。在整个电泳过程,电流维持不变。当指示染料溴酚蓝迁移至距下沿 1 cm 左右,即可停止电泳。整个电泳过程约需 4 h 左右。

6. 剥胶与染色

电泳结束后,关闭电源开关,从电泳槽中取下凝胶板,小心将两玻璃板轻轻撬开,取出凝胶。标注凝胶方向,将它置培养皿中,冲洗胶面后,加入染色液,染色 5 h 或过夜。

7. 脱色

染色完毕后,倒出染色液,并换脱色液 5 ~ 6 次,直至凝胶的蓝色背景消失,蛋白质区带清晰为止。

【实验结果】

1. 以尺或坐标纸精确测量溴酚蓝的迁移距离和染色前凝胶的长度及脱色后各蛋白质样品带的迁移距离和脱色后凝胶的长度,按下式计算出各蛋白质的相对迁移率:

$$相对迁移率(m_R) = \left(\frac{蛋白样品带迁移距离}{溴酚蓝迁移距离}\right) \times \left(\frac{凝胶染色前长度}{凝胶脱色后长度}\right)$$

2. 标准曲线的制作

以各标准蛋白质样品的相对迁移率为横坐标,其相对分子质量的对数为纵坐标,在半对数坐标纸上作图,绘制标准曲线。

3. 待测蛋白质样品相对分子质量计算

根据待测蛋白质样品的相对迁移率的数值,直接从标准曲线上查得蛋白质的 M_r。

【注意事项】

1. 因 SDS 可使蛋白质解聚,如果蛋白质是由多亚基组成时,则 SDS 电泳所测得的相对分子质量为亚基的相对分子质量而不是天然蛋白质的相对分子质量。

2. M_r 的对数和相对迁移率的线性关系与凝胶浓度范围有关,15% 丙烯酰胺适用于 M_r 为 $12 \times 10^3 \sim 45 \times 10^3$,10% 丙烯酰胺适用于 M_r 为 $15 \times 10^3 \sim 70 \times 10^3$,5% 丙烯酰胺适用于 M_r 为 $25 \times 10^3 \sim 200 \times 10^3$ 的蛋白质分子的分离,因此在实验中,应根据蛋白质分子的大小范围选择适合的凝胶浓度。

3. 以 SDS－PAGE 测定蛋白质 M_r 时,为了保证蛋白质分子与 SDS 充分结合,SDS 必须过量,SDS 与蛋白质的比值至少应达 3∶1,否则会影响结果的精确性。为了保证二硫键的断裂,必须加入过量的巯基试剂,否则蛋白质难于变性,也不能与 SDS 呈饱和状态结合。

4. 如果待测样品为液体,则可以 1∶1 的比例加入浓的样品液。如样品较稀时,最好进行浓缩。样品含高盐时,会使电泳带产生拖尾现象,应先透析去盐。如有不溶性物质,应离心除去,否则影响分离效果。

5. 丙烯酰胺和 SDS 纯度影响实验结果,若试剂不纯,应进行重结晶。

6. 其余注意事项参见圆盘电泳。

【思考题】

1. 样品缓冲液配方设计的理论根据是什么?

2. 若遇室温较低时,为保证凝胶聚合速度及质量,实验方案可尝试进行哪些调整?

实验 **12**

等电聚焦电泳法测定蛋白质等电点

【背景与目的】

　　等电聚焦(isoelectric focusing,IEF 或 EF)电泳,是 1966 年由科学家 Rible 和 Vesterberg 建立起来的一种蛋白质分离分析手段,其分辨率高,可达 0.001 pH 单位,且操作方便、迅速,重复性好,因此除用于蛋白质等电点测定外,也常被用于蛋白质纯度鉴定及分离制备蛋白质,是生命科学研究中的重要分离和分析方法。等电点(isoelectric point)是蛋白质的最重要理化性质之一,每一种蛋白质都有一个特定的等电点,测定蛋白质的等电点,普遍采用 IEF 电泳法。

　　等电聚焦电泳的基本原理是:在凝胶中加入两性电解质,使其在电场作用下,从阳极到阴极形成一个连续而稳定的线性 pH 梯度。通常使用的两性电解质是脂肪族多氨基和多羧基的混合物,其在电泳中形成的 pH 梯度范围有 3 ~ 10、4 ~ 6、5 ~ 7、8 ~ 10 等。蛋白质在 IEF 电泳时,当样品置于负极端,因 pH < pI,蛋白质分子带负电荷,电泳时向正极移动,在移动过程中,由于 pH 逐渐下降,蛋白质分子所带的负电荷逐渐减少,蛋白质分子移动的速度逐渐变慢,当移动到 pH = pI 时,蛋白质所带的净电荷为零,蛋白质即停止移动而聚焦成带。当蛋白质置于正极时,因 pH < pI,蛋白质分子带正电荷,电泳时向负极移动,同样道理,当移动到 pH = pI 时,蛋白质即停止移动而聚焦成带。因此在进行 IEF 电泳时,样品可以置于任何位置。由于各种不同蛋白质的氨基酸组成不同,因而有不同的等电点,在 IEF 电泳时,会分别聚焦于相应的等电点位置,形成一个很窄的区带。在 IEF 电泳中蛋白质区带的位置是由电泳 pH 梯度的分布和蛋白质的 pI 所决定,而与蛋白质分子的大小及形状无关。因此根据蛋白质区带在 pH 梯度中的位置便可测得该蛋白质的等电点(图 1 – 12)。

　　通过本实验学习等电聚焦电泳法测定蛋白质等电点的操作技术和基本原理。

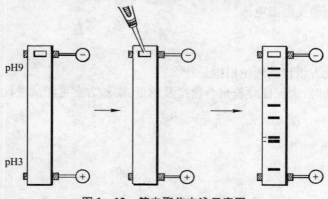

图 1 – 12　等电聚焦电泳示意图

【仪器与试剂】

1. 试剂

（1）两性电解质凝胶：丙烯酰胺 3.5 g，N – 甲叉双丙烯酰胺 0.1 g，pH 3 ~ 10 两性电解质载体 2.5 mL，加水定容至 50 mL。

（2）100 g/L 过硫酸铵溶液：0.1 g 过硫酸铵溶于 1 mL 蒸馏水中，新鲜配制。

（3）蛋白质溶液：牛血清白蛋白 7 mg，溶于 1 mL 蒸馏水。

（4）5% 磷酸溶液：将 29.4 mL 85% 磷酸加水稀释至 500 mL。

（5）20 g/L 氢氧化钠溶液：10 g 氢氧化钠溶于蒸馏水并稀释至 500 mL。

（6）染色液：考马斯亮蓝 0.25 g 加入 50% 甲醇 91 mL，无水乙酸 9 mL。

（7）400 g/L 蔗糖溶液

（8）12% 三氯乙酸溶液

（9）脱色液：乙醇 25 mL，无水乙酸 10 mL，加水定容至 100 mL。

（10）TEMED

2. 仪器

（1）移液器   （2）稳压直流电源（500 V）

（3）玻璃管（内径 0.5 ~ 1 cm，长 10 cm） （4）注射器（10 mL）

（5）培养皿（10 cm）   （6）圆盘电泳槽

（7）烧杯（25 mL）   （8）pH 计

【实验方法】

1. 凝胶液的配制

取 4 mL 两性电解质载体凝胶，加入 0.07 mL 蛋白质溶液，混匀，加入 TEMED 5 μL 和 100 g/L 过硫酸铵溶液 25 μL，将溶液迅速混匀。

2. 灌胶

取干净玻璃管 2 支，垂直放置，底端封闭，加入 400 g/L 蔗糖溶液 2 滴，然后吸取两性电解质载体凝胶 – 蛋白质混合液 1.8 mL，缓缓沿玻璃管内壁加入，上部加蒸馏水 2 滴液封，室温凝聚约 1 h。

3. 电泳

管内凝胶凝聚后，用滤纸将顶端水吸去，去掉管底封闭，将玻璃管放入圆盘电泳槽中，上槽加入 5% 磷酸溶液，接正极；下槽加入 20 g/L 氢氧化钠溶液，接负极。150 V，聚焦 4 h。

4. 剥胶及染色

聚焦结束，取出玻璃管，用水充分洗涤玻璃管两端。将注射器吸水，用针头沿玻璃管内壁转动将凝胶慢慢剥离，然后用吸耳球将凝胶吹出，浸没于 12% 三氯乙酸中固定 2 h，白色蛋白质区带即显现。再浸于染色液中染色 5 h，取出用脱色液脱去背景色。

将另一玻璃管做同样样品的凝胶柱的两端用水洗净，用同样方法剥离，按顺序切成 0.5 cm 长的小段，各浸泡于 1.0 mL 蒸馏水中过夜，测 pH。

【实验结果】

以胶条长度为横坐标，pH 为纵坐标作图，量出染色的各蛋白区带距离，对照曲线查出等电点。

【注意事项】

1. 由于等电聚焦过程需要蛋白质根据其电荷性质在电场中自由迁移,通常使用较低质量浓度的聚丙烯酰胺凝胶(如4%)。

2. TEMED 在低 pH 时失效,会使聚合作用延迟,低温也可使聚合速度变慢。一些金属能抑制聚合,而分子氧会阻止链的延长,妨碍聚合作用。这些因素在实际操作时都应予以控制。

【思考题】

如何理解等电聚焦电泳中最关键的试剂是两性电解质?

实验 *13*

影响酶作用的因素

13 – 1　温度对唾液淀粉酶活力的影响

【背景与目的】

酶的催化作用受温度的影响。在最适温度下,酶的反应速度最高。大多数动物酶的最适温度为 37 ~ 40 ℃,一般植物来源的酶最适温度为 45 ~ 60 ℃。

酶对温度的稳定性与其存在形式有关。有些酶的干燥制剂,虽加热到 100 ℃,其活性并无明显改变,但在 100 ℃ 的溶液中却很快地完全失去活性。

低温能降低或抑制酶的活力,但不能使酶失活。温度对酶活力的影响可用图 1 – 13 表示,横坐标表示温度,纵坐标表示酶活力。

淀粉和可溶性淀粉遇碘呈蓝色。糊精按其分子的大小,遇碘可呈蓝色、紫色、暗褐色或红色。最简单的糊精遇碘不呈颜色,麦芽糖遇碘也不呈色。在不同的温度下,淀粉被唾液淀粉酶水解的程度可由水解混合物遇碘呈现的颜色来判断。

图 1 – 13　温度对酶活力的影响

【试剂与仪器】

1. 试剂

（1） 2 g/L 淀粉的 3 g/L NaCl 溶液 150 mL（需新鲜配制）

（2） 稀释 200 倍的唾液 50 mL：用蒸馏水漱口，之后再含一口蒸馏水，半分钟后用量筒收集并稀释 200 倍（稀释倍数可根据个人唾液淀粉酶活力调整）。

（3） KI – I$_2$ 溶液 50 mL：将 KI 20 g 及 I$_2$ 10 g 溶于 100 mL 水中。使用前稀释 10 倍。

2. 仪器

（1） 试管及试管架　　　　　　　　（2） 恒温水浴

（3） 冰浴　　　　　　　　　　　　（4） 沸水浴

（5） 吸管　　　　　　　　　　　　（6） 滴管

【实验方法】

取试管 3 支，编号，按下表加入试剂。

试　管　号	1	2	3
淀粉溶液/mL	1.5	1.5	1.5
稀释唾液/mL	1.0	1.0	—
煮沸过的稀释唾液/mL	—	—	1.0
操作	37 ℃水浴 10 min	冰水中 10 min	37 ℃水浴 10 min
	—	37 ℃水浴 10 min	—
	碘化钾 – 碘溶液		
实验现象			

分析实验结果，对现象进行解释。

【注意事项】

稀释唾液煮沸应充分，煮沸过程中，应注意补充水至煮沸前刻线处。

【思考题】

唾液淀粉酶在冰水中和煮沸后，均不能使淀粉水解，请解释其机理有何不同？

13 – 2　pH 对唾液淀粉酶活力的影响

【背景与目的】

环境 pH 对酶活力的影响极为显著。一种酶表现活力最高时的 pH 称为该酶的最适 pH。低于或高于最适 pH 时酶活力均降低。不同酶的最适 pH 不同，唾液淀粉酶的最适 pH 约为 6.8（图 1 – 14）。本实验观察 pH 对唾液淀粉酶活力的影响。

【试剂与仪器】

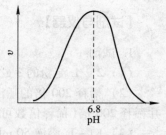

图 1-14　pH 对酶活力的影响

1. 试剂

（1）5 g/L 淀粉的 3 g/L NaCl 溶液 250 mL（需新鲜配制）

（2）稀释 200 倍的新鲜唾液 100 mL

（3）0.2 mol/L Na_2HPO_4 溶液 600 mL

（4）0.1 mol/L 柠檬酸溶液 400 mL

（5）KI-I_2 溶液 50 mL：将 KI 20 g 及 I_2 10 g 溶于 100 mL 水中。使用前稀释 10 倍。

2. 仪器

（1）试管及试管架　　　　　　　（2）恒温水浴

（3）50 mL 锥形瓶　　　　　　　（4）吸管

（5）滴管　　　　　　　　　　　（6）pH 试纸：pH = 5、pH = 5.8、pH = 6.8、pH = 8 四种

【实验方法】

1. 取 4 个已编号的 50 mL 锥形瓶。用吸管按下表添加 0.2 mol/L Na_2HPO_4 溶液和 0.1 mol/L 柠檬酸溶液，制备 pH 5.0~8.0 的 4 种缓冲液。

锥形瓶号	0.2 mol/L Na_2HPO_4/mL	0.1 mol/L 柠檬酸/mL	pH
1	5.15	4.85	5.0
2	6.05	3.95	5.8
3	7.72	2.28	6.8
4	9.72	0.28	8.0

2. 从 4 个锥形瓶中各取缓冲液 3 mL，分别注入 4 支带有编号的试管中，之后按如下操作：

试 管 号	1	2	3	4
锥形瓶中的缓冲液/mL	3	3	3	3
5 g/L 淀粉溶液/mL	2	2	2	2
稀释 200 倍的唾液/mL	2	2	2	2
实验现象				

向各试管中加入稀释唾液的时间间隔为 1 min。将各试管中物质混匀，依次置于 37 ℃的恒温水浴中保温。

3. 待向第 4 管加唾液 2 min 后，每隔 1 min 由第 3 管取出 1 滴混合液，置于白瓷板上，加 1 滴 KI-I_2 溶液，检查淀粉的水解程度。待混合液变为棕黄色时，向所有试管依次添加 1~2 滴 KI-I_2 溶液。添加 KI-I_2 溶液的时间间隔，从第 1 管起，均为 1 min。

4. 观察实验现象，对现象进行解释。

【注意事项】

密切关注第 3 管淀粉的水解程度，以掌握最佳观察实验结果时机。

【思考题】

试解释 pH 是如何影响酶活力的。

13-3 唾液淀粉酶的激活与抑制

【背景与目的】

酶的活性受激活剂和抑制剂的影响。能使酶活力增加的称酶激活剂;能使酶活力降低的称酶抑制剂。氯离子为唾液淀粉酶的激活剂,铜离子为其抑制剂。

【试剂与仪器】

1. 试剂
(1) 1 g/L 淀粉溶液 150 mL
(2) 稀释 200 倍的唾液 150 mL
(3) KI – I_2 溶液 100 mL
(4) 10 g/L NaCl 溶液 50 mL
(5) 10 g/L $CuSO_4$ 溶液 50 mL
(6) 10 g/L Na_2SO_4 溶液 50 mL
2. 仪器
(1) 试管及试管架
(2) 恒温水浴
(3) 吸管
(4) 滴管

【实验方法】

取试管 4 支编号,按下表加入试剂。观察实验现象,对现象进行解释。

试 管 号	1	2	3	4
1 g/L 淀粉溶液/mL	1.5	1.5	1.5	1.5
稀释 200 倍的唾液/mL	0.5	0.5	0.5	0.5
10 g/L $CuSO_4$ 溶液/mL	0.5	—	—	—
10 g/L NaCl 溶液/mL	—	0.5	—	—
10 g/L Na_2SO_4 溶液/mL	—	—	0.5	—
蒸馏水/mL	—	—	—	0.5
37 ℃恒温水浴,保温 10 min				
KI – I_2 溶液/滴	2~3	2~3	2~3	2~3
实验现象				

【注意事项】

按表的顺序加入试剂,动作要迅速。也可先加抑制剂和激活剂后再加入唾液。

【思考题】

解释加 10 g/L Na$_2$SO$_4$ 溶液的作用是什么。

13－4　唾液淀粉酶的专一性

【背景与目的】

酶具有高度的专一性,即一种酶只能对一种或一类化合物起催化作用。本实验以唾液淀粉酶为例来说明酶的专一性。淀粉和蔗糖都没有还原性。唾液淀粉酶水解淀粉生成有还原性的麦芽糖,但不能使蔗糖水解。本实验用 Benedict 试剂检查糖的还原性。

【试剂与仪器】

1. 试剂

(1) 20 g/L 蔗糖溶液 150 mL

(2) 10 g/L 淀粉的 3 g/L NaCl 溶液 150 mL(需新鲜配制)

(3) 稀释 200 倍的唾液 150 mL

(4) Benedict 试剂:无水硫酸铜 1.74 g 溶于 100 mL 热水中,冷却后稀释至 150 mL。取柠檬酸钠 173 g、无水碳酸钠 100 g 和 600 mL 水共热,溶解后冷却并加水至 850 mL。再与冷却的 150 mL 硫酸铜溶液混合。本试剂可长久保存。

2. 仪器

(1) 试管及试管架　　(2) 恒温水浴

(3) 吸管　　　　　　(4) 滴管

(5) 沸水浴

【实验方法】

取试管 6 支,按下表加入试剂。观察实验现象,对现象进行解释。

试　管　号	1	2	3	4	5	6
10 g/L 淀粉溶液/mL	4	—	4	—	4	—
20 g/L 蔗糖溶液/mL	—	4	—	4	—	4
稀释 200 倍的唾液/mL			1	1		
煮过的稀释唾液/mL					1	1
蒸馏水/mL	1	1				
37 ℃恒温水浴,保温 15 min						
Benedict 试剂/mL	1	1	1	1	1	1
沸水浴,2～3 min						
实验现象						

【注意事项】

本实验试剂应新鲜配制,且严格控制反应时间。

【思考题】

Benedict 试剂检测还原糖的原理是什么?

实验 **14**

脲酶 K_m 值的测定

【背景与目的】

K_m 值一般可看作是酶促反应中间产物的解离常数。测定 K_m 在研究酶的作用机制、观察酶与底物间的亲和力大小、鉴定酶的种类及纯度、区分竞争性抑制与非竞争性抑制作用等均具有重要意义。

当环境温度、pH 和酶的浓度等条件相对恒定时,酶促反应的初速度 v 随底物浓度 $[S]$ 增大而增大,直至酶全部被底物所饱和达到最大速度 V。反应初速度与底物浓度之间的关系经推导可用下式来表示,即米氏方程式:

$$v = \frac{V[S]}{K_m + [S]}$$

对于 K_m 值的测定,通常采用 Lineweaver – Burk 作图法,即双倒数作图法:取米氏方程式倒数形式。

$$\frac{1}{v} = \frac{K_m}{V} \cdot \frac{1}{[S]} + \frac{1}{V}$$

若以 $1/v$ 对 $1/[S]$ 作图,即可得图 1 – 15 中的曲线。通过计算横轴截距的负倒数,就可以很方便地求得 K_m 值。

本实验从大豆中提取脲酶,脲酶催化尿素分解产生碳酸铵,碳酸铵在碱性溶液中与奈氏试剂(Nessler's reagent)作用,产生橙黄色的碘化双汞铵。在一定范围内,呈色深浅与碳酸铵的产量成正比。通过分光光度计所得到的光吸收值可代表酶促反应的初速度(单位时间所产生的碳酸铵含量与光吸收值成正比)。具体反应如下:

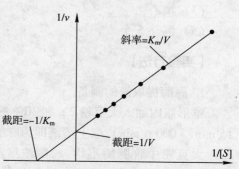

图 1 – 15　**Lineweaver – Burk 作图法**

（1）酶促反应

$$NH_2-C(=O)-NH_2 + H_2O \longrightarrow [OH-C(=O)-NH_2 + NH_3] \Longleftrightarrow [ONH_4-C(=O)-NH_2] \xrightarrow{H_2O} 2NH_3 + H_2CO_3$$

（2）呈色反应

$$NH_4OH + 2(HgI_2 \cdot 2KI) + 3NaOH \longrightarrow O\begin{matrix}Hg\\ \diagup \diagdown\\ Hg\end{matrix}NH_2I + 4KI + 3NaI + 3H_2O$$

（棕红色）

通过本实验学习大豆脲酶的提取方法和掌握脲酶米氏常数 K_m 的测定方法。

【试剂与仪器】

1. 材料

新鲜大豆或大豆粉

2. 试剂

（1）0.05 mol/L 尿素溶液　　　　（2）0.1 mol/L pH = 7.0 Tris – HCl 缓冲液

（3）100 g/L ZnSO$_4$溶液　　　　　（4）0.5 mol/L NaOH 溶液

（5）100 g/L 酒石酸钾钠溶液

（6）奈氏试剂：将 KI 75 g、I$_2$ 55 g、蒸馏水 50 mL 以及汞 75 g 置于 500 mL 锥形瓶内，用力振荡约 15 min，待碘色消失时，溶液即发生高热。将锥形瓶浸在冷水中继续摇荡，一直到溶液呈绿色时止。将上清液倾入 1 000 mL 量筒内，并用蒸馏水洗涤残渣，将洗涤液也倾入量筒中，最后加蒸馏水至 1 000 mL，此即为母液。使用时取母液 15 mL 加 100 g/L NaOH 溶液 70 mL 及蒸馏水 13 mL 混合即成。

3. 仪器

（1）721 型分光光度计　　　　　（2）恒温水浴锅

（3）离心机　　　　　　　　　　（4）移液管

（5）漏斗 5 个

【实验方法】

1. 脲酶提取液的制备

锥形瓶内加入大豆粉 2 g 和 30% 的乙醇 20 mL，充分摇匀 30 min，放置于冰箱中。次日离心 15 min（3 000 r/min），取上清液即为脲酶提取液。

大豆粉中含脲酶不均一，酶浓度需作预实验稀释或酌情加量，原则上要求尿素浓度最大的一管的光吸收值在 0.5 ~ 0.7 为宜。另外，脲酶需新鲜配制。本实验脲酶提取液的制备最好在 0 ~ 5 ℃下进行，在室温下放置不应超过 12 h，在冰箱内放置不应超过 24 h，否则会影响实验结果。

2. 取 5 支试管编号,按下表加入试剂和操作。

试 管 号	0	1	2	3	4
$0.05 \text{ mol} \cdot \text{L}^{-1}$ 尿素/mL	0.25	1.00	0.50	0.40	0.25
每管中尿素的 mol 数					
蒸馏水/mL	0.75		0.50	0.60	0.75
Tris-盐酸缓冲液(pH 7)	3.00	3.00	3.00	3.00	3.00
25 ℃ 恒温水浴,预温 5 min					
脲酶提取液/mL	—	0.10	0.10	0.10	0.10
煮沸的脲酶/mL	0.10	—	—	—	—
25 ℃ 恒温水浴,准确作用 10 min					
$100 \text{ g} \cdot \text{L}^{-1} \text{ZnSO}_4$/mL	1.00	1.00	1.00	1.00	1.00
$0.5 \text{ mol} \cdot \text{L}^{-1} \text{NaOH}$/mL	0.20	0.20	0.20	0.20	0.20
充分混匀,过滤					
另取 5 支试管,与上述试管对应编号,如下操作					
上清液/mL	0.50	0.50	0.50	0.50	0.50
蒸馏水/mL	4.00	4.00	4.00	4.00	4.00
$100 \text{ g} \cdot \text{L}^{-1}$ 酒石酸钾钠/mL	0.50	0.50	0.50	0.50	0.50
奈氏试剂/mL	1.00	1.00	1.00	1.00	1.00
混合均匀,以对照管调零,在 480 nm 处读取各管的 $A_{480 \text{ nm}}$					
$A_{480 \text{ nm}}$					

以酶促反应初速度的倒数为纵坐标(以 $1/A_{480 \text{ nm}}$ 代替),以保温混合液中脲酶提取液浓度的倒数为横坐标,按双倒数作图法求得 K_m 值

$1/A_{480 \text{ nm}}$					
$1/[S]$ *					
K_m					

*[S] = 每管中尿素的摩尔数/4.1 mL × 10^{-3}(4.1 mL 为酶促反应总体积)。

【注意事项】

1. 米氏方程系线性方程,酶促反应初速度 v 与光吸收值 A 成正比,所以用 $1/A$ 代表 $1/v$ 作图求 K_m 值,方法简便,且结果不受影响。

2. 本实验为酶的定量实验,因此,酶促反应所要求的底物及酶的浓度、酶作用的条件及时间要求严格掌握,所加试剂量必须准确。

3. 试管应洁净干燥,否则不仅会影响酶促反应,而且会使奈氏试剂呈色混浊。

4. 加奈氏试剂时应迅速准确,立即摇匀,马上比色,否则容易混浊。实验中加入酒石酸钾钠的目的在于防止奈氏试剂混浊。

5. 为保持酶促反应时间一致,先做好准备工作,设计好加样顺序。

【思考题】

1. 实验中加入 $ZnSO_4$ 的目的是什么?

2. 要比较准确的测得脲酶的 K_m,实验操作应注意哪些关键环节?

实验 *15*

脲酶比活力的测定

【背景与目的】

比活力是指每单位样品蛋白质中的酶活力。测定脲酶的比活力,首先要测定脲酶提取液的蛋白质含量。用于蛋白质含量测定的 Folin – 酚试剂法(Lowry 法)是双缩脲法的发展,但比双缩脲法要灵敏。在碱性溶液中形成铜 – 蛋白质的复合物,并使磷钼酸 – 磷钨酸试剂(Folin 试剂)还原,产生深蓝色(钼蓝和钨蓝混合物)。通过本实验学习 Folin – 酚试剂法测定蛋白质含量及计算脲酶比活力的方法。

【试剂与仪器】

1. 试剂

(1) 标准蛋白质溶液

使用酪蛋白,预先经微量凯氏定氮法测定蛋白氮含量,根据其纯度配制成 250 μg/mL 的溶液。

(2) Folin – 酚试剂

① Folin – 酚试剂 A:将 1 g Na_2CO_3 溶于 50 mL 0.1 mol/L NaOH 溶液。另将 0.5 g $CuSO_4 \cdot 5H_2O$ 溶于 100 mL 1% 酒石酸钾(或酒石酸钠)溶液。将前者 50 mL 与硫酸铜 – 酒石酸钾溶液 1 mL 混合。混合后的溶液一日内有效。

② Folin – 酚试剂 B:将 100 g 钨酸钠($Na_2WO_4 \cdot 2H_2O$),25 g 钼酸钠($Na_2MoO_4 \cdot 2H_2O$),700 mL 蒸馏水,50 mL 85% 磷酸及 100 mL 浓盐酸置于 1 500 mL 磨口圆底烧瓶中,充分混匀后,接上磨口冷凝管,回流 10 h,再加入硫酸锂 150 g,蒸馏水 50 mL 及液溴数滴,开口煮沸 15 min,驱除过量的溴(在通风橱内进行)。冷却,稀释至 1 000 mL,过滤,滤液呈微绿色,贮于棕色瓶中。临用前用标准 NaOH 溶液滴定,用酚酞作指示剂(由于试剂微绿,影响滴定终点的观察,可将试剂稀释 100 倍再滴定)。根据滴定结果,将试剂稀释至相当于 1 mol/L 的酸(稀释 1 倍左右),贮于冰箱中可长期保存。

(3) 0.05 mol/L 尿素溶液

(4) 0.1 mol/L pH 7.0 Tris – HCl 缓冲液

(5) 0.5 mol/L NaOH 溶液

(6) 100 g/L 酒石酸钾钠溶液

(7) 奈氏试剂(详见实验 14)

(8) 0.01 mol/L 碳酸铵溶液

2. 仪器

（1）可见光分光光度计　　　　（2）玻璃比色杯

【实验方法】

1. 标准曲线的绘制

取 7 支试管编号，按下表加入试剂和操作。

试　管　号	0	1	2	3	4	5	6
250 μg/mL 标准酪蛋白溶液/mL	—	0.1	0.2	0.4	0.6	0.8	1.0
每管中酪蛋白含量/μg							
蒸馏水(补足 1.0 mL)/mL	1.0	0.9	0.8	0.6	0.4	0.2	—
Folin – 酚试剂 A/mL	5.0	5.0	5.0	5.0	5.0	5.0	5.0
混匀,25 ℃ 放置 10 min							
Folin – 酚试剂 B/mL	0.5	0.5	0.5	0.5	0.5	0.5	0.5
立即振摇均匀,在 25 ℃ 保温 30 min							
$A_{500\,nm}$							

以蛋白质质量浓度为横坐标，500 nm 处的光吸收值为纵坐标，绘制标准曲线。

2. 脲酶提取液蛋白含量测定

取 1 mL 稀释 30 倍的脲酶提取液（约含 20～250 μg 蛋白质），加入 Folin – 酚试剂 A 5.0 mL，混匀，25 ℃ 放置 10 min，再加入 Folin – 酚试剂 B 0.5 mL，立即振摇均匀，在 25 ℃ 保温 30 min，测 500 nm 处的吸光值。同时以 1 mL 水代替样品作为样品对照。结果查标准曲线，可得蛋白质含量。

3. 脲酶的活力测定

（1）制作标准曲线：取 6 支试管编号，按下表加入试剂和操作。

试　管　号	0	1	2	3	4	5
0.01 mol · L^{-1} (NH$_4$)$_2$CO$_3$/mL	0	0.1	0.2	0.3	0.4	0.5
每管(NH$_4$)$_2$CO$_3$ 的摩尔数						
蒸馏水/mL	0.5	0.4	0.3	0.2	0.1	—
Tris – HCl 缓冲液(pH 7)/mL	3.0	3.0	3.0	3.0	3.0	3.0
0.5 mol · L^{-1} NaOH/mL	0.2	0.2	0.2	0.2	0.2	0.2
蒸馏水/mL	7.0	7.0	7.0	7.0	7.0	7.0
100 g · L^{-1} 酒石酸钾钠/mL	0.5	0.5	0.5	0.5	0.5	0.5
奈氏试剂/mL	1.0	1.0	1.0	1.0	1.0	1.0
$A_{480\,nm}$						

以光吸收值 $A_{480\,nm}$ 为纵坐标，保温液中 (NH$_4$)$_2$CO$_3$ 物质的量（μmol 数）为横坐标，绘制标准曲线。

（2）活力测定

① 测定方法：0.05 mol/L 尿素 0.4 mL（底物过量），水 0.1 mL，Tris – 盐酸缓冲液（pH 7）3.0 mL，充分混合，25 ℃ 水浴 5 min 预温。加入稀释 3 倍的脲酶提取液 0.1 mL 充分混匀，25 ℃ 水浴，准确反应 10 min。其余步骤与上表相同。

② 结果计算:根据实验结果 $A_{480\,nm}$,对照标准曲线,可以得到单位时间内碳酸铵的生成量。脲酶的活力单位 U 定义为:在 25 ℃,pH 7 的条件下,1 min 释放 1 μmol 碳酸铵。将实验结果填入下表:

$A_{480\,nm}$	
碳酸铵的生成量/μmol·min^{-1}	
酶活力/U	

比活力计算:比活力是指每单位样品蛋白质中的酶活力,即 1 mg 蛋白质中所含的活力单位数。

脲酶的比活力 = 提取液活力单位(U/mL)/提取液蛋白含量(mg/mL)

将实验结果填入下表:

提取液活力单位/U·mL^{-1}	
提取液蛋白质含量/mg·mL^{-1}	
脲酶的比活力	

【注意事项】

进行测定时,加 Folin - 酚试剂 B 要特别小心,因为 Folin - 酚试剂 B 仅在酸性 pH 条件下稳定,但上述还原反应是在 pH 10 的情况下发生,故当 Folin - 酚试剂 B 加到碱性的铜 - 蛋白质溶液中时,必须立即混匀,以便在磷钼酸 - 磷钨酸试剂被破坏之前,还原反应即能发生。

【思考题】

1. 测定酶的比活力在酶的制备过程中有何意义?
2. 影响测定结果的关键操作步骤有哪些,如何提高测定结果的准确性?

实验 *16*

乳酸脱氢酶的活力测定

【背景与目的】

乳酸脱氢酶(lactate dehydrogenase,LDH)是糖代谢酵解途径的关键酶之一,广泛存在于动物、植物及微生物细胞内,人体内以肝、肾、心肌、骨骼肌、胰腺、肺中最多,急性心肌梗塞发生 6 ~ 12 h,LDH 开始增高(正常值为 100 ~ 240 U/L,37 ℃,动态法),24 ~ 60 h 达高峰。测定人血清

LDH 的活性可用于急性或亚急性心肌梗塞的辅助诊断。

　　LDH 可溶于水及稀盐溶液,因而组织经匀浆、浸泡、离心,其上清液即为含 LDH 的组织液。组织中 LDH 活性测定方法很多,其中以紫外分光光度法更为简单、快速。LDH 催化下列可逆反应:

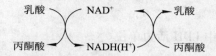

　　鉴于 NADH 和 NAD⁺ 在 340 nm 及 260 nm 处有各自的吸收峰,因此以 NAD⁺ 为辅酶的各种脱氢酶都可以通过光吸收值的改变,定量测定酶的活力。测定乳酸脱氢酶活力时,基质液中含丙酮酸及 NADH,在一定条件下,加一定量的酶液,观察 NADH 在反应过程中 340 nm 处光吸收的减少值,减少越多,则 LDH 活力越高。酶活力单位定义是:在 25 ℃,pH 7.5 条件下 $A_{340\ nm/min}$ 下降为 1.0 的酶量为 1 个单位 U。测定出蛋白质含量,即可计算比活力(U/mg)。

　　通过本实验学习 LDH 活力的测定方法,熟悉分光光度计的操作方法。

【试剂与仪器】

1. 材料

动物的肌肉、肝、心、肾等组织

2. 试剂

(1) 1 mol/L 磷酸氢二钠 – 磷酸二氢钠缓冲液(pH 6.5)

(2) 0.1 mol/L 磷酸盐缓冲液(pH 7.5)

(3) NADH 溶液:称 3.5 mg NADH 置试管中,加 0.1 mol/L 磷酸缓冲液(pH 7.5)1 mL 摇匀,现用现配。

(4) 丙酮酸钠溶液:称 2.5 mg 丙酮酸钠,加 0.1 mol/L 磷酸缓冲液(pH 7.5)29 mL,使其完全溶解,现用现配。

3. 仪器

(1) 组织捣碎机　　　　　　　(2) 紫外分光光度计

(3) 石英比色杯　　　　　　　(4) 水浴锅

(5) 移液管

【实验方法】

1. 制备肌肉匀浆

取瘦猪肉一块,除去脂肪及筋膜等,称取 20 g,按质量:体积 = 1:4 的比例加入 4 ℃预冷的 1 mol/L 磷酸盐缓冲液(pH 6.5),用组织捣碎机捣碎,每次 10 s,连续 3 次。将匀浆液倒至烧杯中,置 4 ℃冰箱提取过夜。过滤后的红色液体为组织提取液,量总体积。

2. 乳酸脱氢酶的活力测定

首先将丙酮酸溶液及 NADH 溶液放在 25 ℃水浴中预热。取 2 只光径为 1 cm 的石英比色杯,在 1 只比色杯中加入 0.1 mol/L 磷酸盐缓冲液(pH 7.5)3 mL,安放于紫外分光光度计中,在 340 nm 处将光吸收调节至零;另一只比色杯用于测定 LDH 活力,依次加入丙酮酸钠溶液 2.9 mL、NADH 溶液 0.1 mL,加入稀释的酶液 10 μL,立即计时。加盖摇匀后,测定 340 nm 光吸收值。每隔

0.5 min 测 $A_{340\,nm}$，连续测定 3 min，以 $A_{340\,nm}$ 对时间作图，取反应最初线性部分，计算 $A_{340\,nm}$ 减少值。

3. 蛋白质含量测定

将组织提取液适当稀释（约 1:20），取 0.1 mL 测蛋白质含量。

【实验结果】

1. 计算 1 mL 组织提取液中 LDH 活力单位

$$LDH\ 活力单位（U）/mL\ 提取液 = \frac{\Delta A_{340\,nm/min} \times 稀释倍数}{酶液加入量（10\,\mu L）\times 10^{-3}}$$

$$提取液中 LDH 总活力单位 = LDH\ 活力（U）/mL \times 总体积$$

2. LDH 比活力测定

$$LDH\ 比活力（U/mg） = \frac{总\ LDH\ 活力（U）}{总蛋白含量（mg）}$$

【注意事项】

1. 加入酶液后应立即计时，比色杯摇匀后，准确记录，每隔 0.5 min 测 $A_{340\,nm}$，连续测定 3 min，以 $A_{340\,nm}$ 对时间作图，计算 $A_{340\,nm}$ 减少值。酶液的稀释度（或加入量）应控制 $A_{340\,nm}$ 下降值在 0.1～0.2 间。

2. NADH 溶液应在临用前配制，如其纯度为 75%，则应折合到 100%，增加试剂的称量。加酶液前 $A_{340\,nm}$ 控制在 0.8 左右。

3. 实验材料应尽量新鲜，如取材后不立即使用，则应贮存在 -20 ℃ 低温冰箱中。

【思考题】

以乳酸脱氢酶的活力测定为例，说明用紫外分光光度法测定以 NAD^+ 为辅酶的各种脱氢酶活力的原理。

实验 17

丙氨酸氨基转移酶活性的鉴定
——纸层析法

【背景与目的】

观察肝糜中丙氨酸氨基转移酶所催化的氨基移换反应。通过纸层析法检查底物谷氨酸的减少和产物丙氨酸的生成。为防止丙酮酸被肝糜中的其他酶所氧化或还原，在反应系统中加入了抑制剂溴乙酸。

通过本实验学习利用纸层析技术分离氨基酸的原理和操作方法。

【试剂与仪器】

1. 材料

猪肝

2. 试剂

（1）10 g/L 谷氨酸　　　　　　　（2）10 g/L 丙酮酸钠

（3）10 g/L 碳酸氢钾　　　　　　（4）0.025% 溴乙酸

（5）2% 乙酸　　　　　　　　　　（6）水饱和酚

（7）水合茚三酮的正丁醇溶液

3. 仪器

（1）水浴锅　　　　　　　　　　　（2）研钵

（3）烘箱　　　　　　　　　　　　（4）培养皿

（5）毛细管　　　　　　　　　　　（6）圆形层析滤纸

（7）脱脂棉　　　　　　　　　　　（8）海砂

【实验方法】

1. 丙氨酸氨基转移酶提取液制备

2 g 猪肝加入 6 mL 9 g/L NaCl，再加海砂 200 mg，在低温下研磨成浆，用脱脂棉过滤，得提取液（滤液不清）。

2. 转氨作用

取试管 2 支，按下表加入试剂。

试　　剂	对照管	测试管
10 g·L^{-1}谷氨酸/mL	0.50	0.50
10 g·L^{-1}丙酮酸钠/mL	0.50	0.50
1 g·L^{-1}KHCO$_3$/mL	0.50	0.50
0.025% 溴乙酸/mL	0.25	0.25
煮沸的酶液/mL	0.50	—
酶液/mL	—	0.50
加脱脂棉塞，45 ℃水浴，1.5 h，时时振荡内容物		
2% 乙酸	6 滴	6 滴

沸水浴 2 min，使蛋白质完全沉淀，过滤，滤液作层析。

3. 纸层析操作方法

取圆形层析滤纸 1 张，在圆心处用圆规绘出直径为 3 cm 的同心圆，通过中心将滤纸绘成四等分扇形。用毛细管点样 2～4 次（直径不超过 2 mm），在滤纸的圆心上剪一小孔，直径约 1～2 mm。取一小滤纸条，将下端剪成刷状，再卷成灯芯插入圆形小孔，不能使灯芯突出纸面。将圆形滤纸平放在盛有层析液（水饱和酚）的培养皿上，使灯芯向下与溶剂接触。用大小相同的培养皿盖在滤纸上，溶剂通过灯芯上升到滤纸上向四周展层，直到溶剂前沿移至距滤纸边缘约 1 cm 处时停止(展层时间为1 h)。80～100 ℃烘箱干燥,喷洒水合茚三酮的正丁醇溶液,80～100 ℃显色。

【实验结果】

观察层析斑点显色情况,并解释该现象。

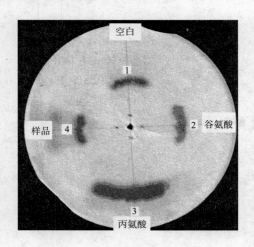

【注意事项】

1. 在滤纸上用铅笔做标记,不能使用油性笔。
2. 实验过程应避免将汗液、唾液等溅到层析纸上。
3. 喷洒茚三酮液应均匀成雾状。
4. 对照用的煮沸酶液应充分加热,并按原体积不断补充热蒸馏水。

【思考题】

1. 为使层析斑点无拖尾现象,操作时应注意哪些环节?
2. 试设计一个实验,检测血清中丙氨酸氨基转移酶的活性。

实验 18

血清中丙氨酸氨基转移酶活力单位的测定
——比色法

【背景与目的】

肝细胞中含丙氨酸氨基转移酶(ALT)最丰富,因此当肝疾病致肝细胞受损伤时,ALT即大量释放入血液,使血清中 ALT 活性增高。测定 ALT 是检查肝功能的重要指标之一。ALT 显著增高见于各种急性肝炎及药物中毒性肝细胞坏死,中等程度增高见于肝癌、肝硬化、慢性肝炎及心肌梗塞,轻度增高则见于阻塞性黄疸及胆道炎等疾病。骨骼肌损伤、多发性肌炎亦可引起转氨酶活性升高。

血清中的 ALT 在 37 ℃、pH 7.4 的条件下,可催化基质(底物)液中的丙氨酸与 α - 酮戊二酸生成谷氨酸和丙酮酸:

生成的丙酮酸可与起终止和显色作用的 2,4 - 二硝基苯肼发生加成反应,生成丙酮酸 - 2,4 - 二硝基苯腙,进而在碱性环境中生成红棕色的苯腙硝醌化合物,其颜色的深浅在一定范围内与丙酮酸的生成量亦即 ALT 活性成正比关系。据此与同样处理的丙酮酸标准液相比较,便可算出或通过标准曲线查出血清中 ALT 的活性。

通过本实验掌握血清丙氨酸氨基转移酶活性测定的基本原理;熟悉血清丙氨酸氨基转移酶活性测定的具体操作方法;了解血清丙氨酸氨基转移酶活性测定的临床意义。

【试剂与仪器】

1. 材料

人血清

2. 试剂

(1) 1/15 mol/L 磷酸缓冲液(pH 7.4):取 1/15 mol/L 磷酸氢二钠(称取 Na_2HPO_4 9.47 g 或 $Na_2HPO_4 \cdot 12H_2O$ 23.87 g,溶于蒸馏水中定容至 1 000 mL)825 mL;1/15 mol/L 磷酸二氢钾(称取 KH_2PO_4 9.078 g,溶于蒸馏水中定容至 1 000 mL)175 mL 混合。

(2) ALT 基质液:称取 α - 酮戊二酸 29.2 mg(2 mmol/L)及 α - DL - 丙氨酸 1.78 g(200 μmol/L)溶于 50 mL、pH 7.4 的磷酸缓冲液中,加 0.1 mol/L NaOH 溶液 0.5 mL,调 pH 为

7.4,然后加磷酸缓冲液定溶至 100 mL,加少许氯仿防腐,置冰箱中可保存一周。

（3）1 mmol/L 2,4 - 二硝基苯肼溶液:称取 2,4 - 二硝基苯肼 20 mg,溶解于 10 mL 浓盐酸中,以蒸馏水定容至 100 mL。

（4）2 μmol/mL 丙酮酸钠标准液:精确称取丙酮酸钠 22 mg,加磷酸缓冲液溶解后,定容至 100 mL。临用前配制。

（5）0.4 mol/L NaOH 溶液

3. 仪器

（1）可见光分光光度计　　　（2）玻璃比色杯

（3）水浴锅

【实验方法】

1. 标准曲线的绘制

取 6 支试管,按下表加入试剂和操作。

试　　管	空白管	1	2	3	4	5
丙酮酸钠标准液/mL	—	0.05	0.10	0.15	0.20	0.25
ALT 基质液/mL	0.50	0.45	0.40	0.35	0.30	0.25
pH 7.4 磷酸缓冲液/mL	0.10	0.10	0.10	0.10	0.10	0.10
充分摇匀后,置于 37 ℃水浴,保温 10 min						
2,4 - 二硝基苯肼溶液/mL	0.50	0.50	0.50	0.50	0.50	0.50
充分摇匀后,置于 37 ℃水浴,保温 20 min						
0.4mol · L^{-1} NaOH/mL	5.00	5.00	5.00	5.00	5.00	5.00
充分摇匀后,室温静置 30 min 后,520 nm 波长下比色						
$A_{520 nm}$						
相当丙酮酸含量*/μmol	—	0.10	0.20	0.30	0.40	0.50
相当 ALT 单位**/100mL	—	100	200	300	400	500

* 丙酮酸钠标准液体积(mL) × 浓度(2 μmol/mL)。

** ALT 活力单位为:1 mL 血清在 37 ℃与 pH 7.4 的基质液作用 60 min,生成 1 μmol 丙酮酸为一个单位(U)。本实验(临床检验)取血清量为 0.1 mL,报告数据以 100 mL 血清计算,因此将实际测得结果乘以 1 000 即可。

以酶的活力单位数为横坐标,以光吸收值为纵坐标,绘制 $A_{520 nm}$ 与对应的酶活力单位数的标准曲线。

2. 酶活力的测定

取 2 支试管,按下表加入试剂和操作。

试　　管	对　照　管	测　定　管
	0	1
ALT 基质液/mL	0.50	0.50
37 ℃水浴,预温 10 min		
血清/mL	—	0.10
pH 7.4 磷酸缓冲液/mL	0.10	0.00
充分摇匀后,置于 37 ℃水浴,保温 60 min		

续表

试　管	对　照　管	测　定　管
	0	1
2,4－二硝基苯肼/mL	0.50	0.50
充分摇匀后,置于 37 ℃水浴,保温 20 min		
0.4 mol · L^{-1}NaOH/mL	5.00	5.00

摇匀后,静置 30 min,520 nm 波长下比色。查标准曲线的对应值,可得 100 mL 血清中丙氨酸氨基转移酶的活力单位数。

【实验结果】

试　管	比色杯吸光值	吸　光　值	纯吸光值
对照管			
测定管			
查标准曲线得 ALT 单位			

【注意事项】

1. 本实验所需试剂如基质液、丙酮酸标准液、2,4－二硝基苯肼等均需冷藏。
2. 为防止溶血及其他因素对酶活性影响,实验所用器皿应干净,干燥后方可使用。
3. 丙酮酸钠极易变质,配试剂时应选择外观洁白干燥者,否则应进行重结晶。
4. 如活性高于 500 U/100 mL,应将血清稀释一定倍数重新测定,结果应乘以稀释倍数。
5. 为保证操作结果可靠,测定酶活性时应恒定 pH 和保温时间。
6. 选用固定分光光度计及比色杯,以减少误差。

【思考题】

1. 测定血清中丙氨酸氨基转移酶的活力单位有何临床意义?
2. 实验过程中加 0.4 mol/L NaOH 的作用是什么?

实验 19

酶联法检测血清丙氨酸
氨基转移酶的活性

【背景与目的】

氨基转移酶(简称转氨酶)广泛存在于机体的各个组织中,在肝组织中丙氨酸氨基转移酶

（ALT）活性较高，在正常新陈代谢中，血清内维持一定水平的转氨酶活性（<40 U/L）。当组织发生病变时，由于组织细胞肿胀、坏死或细胞膜破裂，使细胞膜通透性增高，导致大量的酶释放至血液中，从而引起血清中相应的丙氨酸氨基转移酶活性显著增高。因此测定其活性，对肝某些疾病的临床诊断具有重要的参考价值。

　　血清 ALT 成为临床上诊断肝疾病的主要参考指标，是体检或健康普查的必检项目。目前医院利用生化自动分析仪检测血清 ALT，其原理是：底物 L－丙氨酸与 α－酮戊二酸在 ALT 作用下生成丙酮酸，丙酮酸在乳酸脱氢酶（LDH）作用下转化成 L－乳酸，同时伴随着 NADH 氧化，引起在波长 340 nm 处吸光度下降，下降速率与血清 ALT 活力成正比，由此可以测定人血清中丙氨酸氨基转移酶的活力。

$$L－丙氨酸 + α－酮戊二酸 \xrightarrow{ALT} 丙酮酸 + L－谷氨酸$$

$$丙酮酸 + NADH + H^+ \xrightarrow{LDH} L－乳酸 + NAD^+ + H_2O$$

【试剂与仪器】

1. 材料

人血清

2. 试剂

试剂盒组成：

试　剂	成　　分	含　　量
溶液 A	Tris 缓冲液（pH = 8.5）	0.1 mol
	NADH	0.30 mmol
	LDH	≥5.0 kU/L
溶液 B	Tris 缓冲液（pH = 7.0）	0.1 mol
	L－丙氨酸	1 020 mmol
	α－酮戊二酸	36 mmol

　　工作液制备：溶液 A 与溶液 B 以 2:1 混合，组成测定工作液。工作液在 2～8 ℃避光保存，可稳定 3 周。

3. 仪器

（1）具有能在波长 340 nm 处测定的生化分析仪或紫外分光光度计

（2）光径为 1.0 cm 的石英比色杯

（3）水浴锅

（4）加样器

【实验方法】

1. 二步法

试　　管	空白管	样本管
样本/μL	—	60
蒸馏水/μL	60	—

试　　管	空白管	样本管
溶液 A/mL	1.0	1.0
混匀,放设定温度 5 min		
溶液 B/mL	0.5	0.5

混匀,准确记录时间,放设定温度 1 min 后,在波长 340 nm 处,以蒸馏水校零,连续监测 1 ~ 2 min,计算 $\Delta A/\min$。

2. 一步法

试　　管	空白管	样本管
样本/μL	—	60
蒸馏水/μL	60	—
工作液/mL	1.5	1.5

混匀,准确记录时间,放设定温度 1 min 后,在波长 340 nm 处,以蒸馏水校零,连续监测 1 ~ 2 min,计算 $\Delta A/\min$。

【实验结果】

$$\text{ALT 活性(U/L)} = \frac{\Delta A/\min \times V_T \times 1\,000}{6.22 \times 1.0 \times V_S} = \Delta A/\min \times 4\,180$$

式中,$\Delta A/\min = \Delta A_{样本管}/\min - \Delta A_{空白管}/\min$;$V_T$ 为反应液总体积(mL);V_S 为样本体积(mL);1.0 为比色杯光径;6.22 为 β - NADH 在波长 340 nm 的毫摩尔消光系数。

例:$\Delta A_{空白管}/\min = 0.001$,$\Delta A_{样本管}/\min = 0.011$,则样本中 ALT 活性 = $(0.011 - 0.001) \times 4\,180 = 41.8$(U/L)。参考范围:5 ~ 25 U/L(30 ℃),8 ~ 40 U/L(37 ℃),各实验室应有自己的正常值范围。

【注意事项】

1. 本液体试剂采用二步法,可防止胆红素的干扰。

2. 试剂与样本量可按要求成比例改变。

3. 试剂线性可达到 600 U/L(30 ℃),或 1 000 U/L(37 ℃)。当样本中 ALT 活力超过 600 U/L(30 ℃)或 1 000 U/L(37 ℃)时,可用生理盐水稀释,即 0.1 mL 血清加 0.2 mL 生理盐水,测定结果 ×3。

4. 如试剂变浑,或以蒸馏水为空白,工作液在 340 nm 处吸光度 <1.0,请勿使用。

5. 注意试剂的贮存条件与有效期。试剂在 2 ~ 8 ℃ 避光保存,有效期为 1 年;如用一步法,工作液在 2 ~ 8 ℃ 避光保存,可稳定 3 周。

【思考题】

酶联法检测血清丙氨酸氨基转移酶的活性与 2、4 - 二硝基苯肼法相比,其优点是什么?

实验 20

肝组织中 DNA 的提取

【背景与目的】

真核生物 95% 的 DNA 主要存在于细胞核内,其余 5% 为细胞器 DNA,如线粒体 DNA、叶绿体 DNA 等。DNA 是重要的生物信息分子,是分子生物学研究的主要对象。目前,基因诱变、DNA 克隆、DNA 测序和 PCR 扩增等技术已经广泛应用于实验室、临床医学和农业等许多领域。DNA 的提取和含量测定是研究 DNA 的重要实验技术。浓盐法提取 DNA 是利用 RNA 核蛋白(RNP) 和 DNA 核蛋白(DNP)在盐溶液中溶解度不同将二者分离。DNP 在高盐溶液如 1 mol/L 氯化钠 中溶解度最大,在低盐浓度如 0.14 mol/L 氯化钠盐溶液中溶解度最低;而 RNP 在 1 mol/L 氯化钠 中溶解度最小,在 0.14 mol/L 氯化钠盐溶液中溶解度最高。SDS 或二甲苯酸钠等去污剂可以破坏 DNA 与蛋白质之间的静电引力或配位键,使 DNA 与蛋白质分离,该方法可以直接从生物材料 中提取 DNA,用氯仿 – 异戊醇除去蛋白质后,用 95% 乙醇可将 DNA 钠盐沉淀出来。

动物组织及器官(如脾、肝、胸腺、鱼类精子、血细胞等)、植物种子的胚以及微生物(如细菌) 等含有丰富的 DNA,可以作为实验材料提取 DNA。

本实验以新鲜猪肝为实验材料,采用浓盐酸法提取 DNA。通过本实验使学生掌握从动物组织中提取 DNA 的实验原理和方法,并为二苯胺法测定 DNA 的含量(实验 21)准备实验材料。

【试剂与仪器】

1. 材料

新鲜猪肝

2. 试剂

(1) SSC 缓冲液(0.1 mol/L NaCl,0.05 mol/L 柠檬酸钠,pH 7.0):先配制 0.05 mol/L 柠檬酸钠(pH 7.0),然后加入 NaCl,使 NaCl 终浓度为 0.14 mol/L。

(2) 120 g/L SDS:12 g SDS 溶于 100 mL 45% 乙醇中。

(3) 氯仿 – 异戊醇溶液:体积比为 24:1

(4) 95% 乙醇

3. 仪器

(1) 离心机　　　　　　　　　　(2) 水浴锅

(3) 分光光度计　　　　　　　　(4) 分析天平

【实验方法】

1. 清洗肝组织

称量新鲜猪肝 50 g,预冷 SSC 缓冲液冲洗 2 次;剪成小块,再用预冷 SSC 缓冲液洗 2 次。

2. DNA 核蛋白的提取

加入 100 mL 预冷 SSC 缓冲液,于冰上在研钵中研磨 10 min 成糊状,冰水浴中冷却 10 min。3 000 r/min 离心 15 min,弃上清。沉淀物中加入 100 mL 预冷 SSC 缓冲液,3 000 r/min 离心 15 min,弃上清(重复 2 次)。

3. 去除蛋白质

向上述沉淀中加入 100 mL SSC 缓冲液,称量总体积,加入 NaCl 使其终浓度为 1 mol/L NaCl,搅拌。加 100 g/L SDS 溶液,使溶液的 SDS 质量浓度达到 10 g/L,边加边搅拌,放置冰箱中,静止 20 min。8 000 r/min 离心 15 min,取上清液。

4. 沉淀 DNA

加入 2 倍体积 95% 冷乙醇,搅拌后,置冰箱 20 min。3 000 r/min 离心 15 min,得粗 DNA。

【注意事项】

1. 为保证 DNA 结构的相对完整性,应尽量排除蛋白质、多糖及其他大分子成分的污染。

2. 由于核酸极不稳定,在较剧烈的化学、物理因素和酶的作用下很易降解,因此在制备时应防止过酸、过碱及其他引起核酸降解的因素。例如 DNA 提取过程应在低温下操作,这样可以抑制核酸酶的活力;研磨时不能过于剧烈并防止时间过长,以避免 DNA 分子断裂。

【思考题】

1. 说明提取 DNA 时,SDS、95% 冷乙醇的作用。
2. 在提取 DNA 时,为什么加柠檬酸钠?
3. DNA 提取过程中的关键步骤及注意事项有哪些?

实验 21

DNA 含量的测定——二苯胺法

【背景与目的】

在酸性且加热条件下,DNA 分解产生嘌呤碱基、脱氧核糖与嘧啶核苷酸。其中 2′-脱氧核糖在酸性环境中生成 ω－羟基－γ－酮基戊醛,此物与二苯胺反应生成蓝色化合物,且在 595 nm 处有最大吸收峰。DNA 在 40～200 μg 范围内光吸收值与 DNA 浓度成正比。脱氧木糖、阿拉伯糖可与二苯胺形成各种有色物质,干扰测定。在反应液中加入少量乙醛,可提高灵敏度,减少其他化合物的干扰。

通过本实验使学生掌握二苯胺法测定 DNA 含量的实验原理、过程及分光光度计的使用。

【试剂与仪器】

1. 材料

新鲜猪肝中粗提的 DNA(见实验 20)

2. 试剂

(1) DNA 标准溶液:用 0.01 mol/L NaOH 配成 200 μg/mL 溶液。

(2) 二苯胺试剂(现用现配):称取重结晶二苯胺 1 g,并将其溶解在 100 mL 冰醋酸中,加入 10 mL 过氯酸(60% 以上),混匀待用。使用前加入 1 mL 乙醛(1.6%)。

3. 仪器

(1) 恒温水浴　　　　　　　　　(2)分光光度计

(3) 分析天平

【实验方法】

1. DNA 标准曲线的制定

试管编号	空白	1	2	3	4	5
DNA 标准溶液/mL	0.0	0.4	0.8	1.2	1.6	2.0
蒸馏水/mL	2.0	1.6	1.2	0.8	0.4	0.0
二苯胺试剂/mL	4.0	4.0	4.0	4.0	4.0	4.0
DNA 含量/μg	0.0	80	160	240	320	400
摇匀,60 ℃水浴保温 1 h,取出冷至室温,测 OD 值						
$A_{595\,nm}$						

上述实验平行操作 2 次,并计算光吸收值平均值。以标准 DNA 含量(μg)为横坐标,以光吸收值为纵坐标,绘制 DNA 标准曲线。

2. 样品的测定

样　品	空　白	待测样品
提取 DNA 溶液/mL	0.0	2.0
蒸馏水/mL	2.0	0.0
二苯胺试剂/mL	4.0	4.0
摇匀,60 ℃水浴保温 1 h,取出冷至室温,测 OD 值		
$A_{595\,nm}$		

上述实验平行操作 2 次,并计算光吸收值平均值。并从 DNA 标准曲线中查出 DNA 的含量。

【实验结果】

测得待测样品的光吸收值后,根据标准曲线计算出粗提 DNA 中 DNA 的含量及收率。

【注意事项】

1. 为提高实验准确度,DNA 标准溶液要经定磷法确定其纯度。
2. 二苯胺要进行重结晶后再进行溶液配制,一般要现用现配。

【思考题】

二苯胺法测定 DNA 时,为什么加乙醛?

实验 22

琼脂糖凝胶电泳法鉴定 DNA

【背景与目的】

琼脂糖凝胶电泳是重组 DNA 研究中常用的技术,可用于分离、鉴定和纯化 DNA 片段。不同大小、不同形状和不同构象的 DNA 分子在相同的电泳条件下(如凝胶浓度、电流、电压、缓冲液等),有不同的迁移率,所以可通过电泳使其分离。凝胶中的 DNA 可与荧光染料溴化乙锭(EB)结合,在紫外灯下可看到荧光条带,分析实验结果。

通过本实验学习琼脂糖凝胶电泳检测 DNA 的方法,掌握电泳的基本原理。

【试剂与仪器】

1. 试剂
(1) 琼脂糖
(2) 6×点样缓冲液:0.25% 溴酚蓝、400 g/L 蔗糖。
(3) DNA 分子量标准:λDNA 经 *Hind*Ⅲ 消化后产生 7 条区带,大小依次为 23.7、9.46、6.75、4.26、2.26、1.98 和 0.58 kb。
(4) 50×TAE 电泳缓冲液贮存液配方:242 g Tris、57.1 mL 冰醋酸、100 mL 0.5 mol/L EDTA (pH 8.0),加重蒸水到 1 L。

（5）10 mg/mL 溴化乙锭（EB）：1.0 g 溴化乙锭溶于 100 mL 重蒸水中。

（6）质粒 DNA 及其酶切产物

2. 仪器

（1）电泳仪　　　　　　　　　　（2）水平式核酸电泳槽

（3）紫外透射仪

【实验方法】

1. 用胶带将洗净、干燥的制胶板的两端封好，水平放置在工作台上。

2. 调整好梳子的高度。

3. 称取 0.24 g 琼脂糖于 30 mL 1×TAE 中，加热使琼脂糖颗粒完全溶解，冷却至 45～50 ℃时倒入制胶板中。

4. 凝胶凝固后，小心拔去梳子，撕下胶带。

5. 取 EP 管 3 支，标号，如下表所示准备电泳样品；每孔可加样 5～10 μg。

管　号	1	2	3
样品	λDNA/Hind Ⅲ	未酶解质粒	酶解质粒
样品量/μL	10	10	10
6×点样缓冲液/μL	2	2	2

6. 将制胶板放入电泳槽中，加入 1×TAE 电泳缓冲液至液面恰好没过胶板上表面。因边缘效应样品槽附近会有一些隆起，阻碍缓冲液进入样品槽中，所以要注意保证样品槽中应注满缓冲液。

7. 打开电泳仪，调节电压至 50 V，使核酸样品向正极泳动。

8. 当指示染料溴酚蓝迁移到距下沿 1 cm 左右，即可停止电泳。取出凝胶，放入 0.5 μg/mL 的溴化乙锭溶液中染色 10～15 min，清水漂洗。

【实验结果】

将染色后的凝胶置于紫外透射仪上观察电泳结果，并照相记录。

【注意事项】

1. 影响 DNA 在琼脂糖凝胶中迁移速率的因素：

（1）DNA 分子大小：迁移速率 U 与 $\lg N$ 成反比（N 为碱基对数目）。分子大小相等，电荷基本相等（DNA 结构重复性）。分子越大，迁移越慢。等量的空间结构紧密的 DNA 电泳速率快（超螺旋＞线状 DNA）。

（2）琼脂糖质量浓度：一定大小的 DNA 片段在不同质量浓度的琼脂糖凝胶中的迁移率是不相同的。相反，在一定质量浓度的琼脂糖凝胶中，不同大小的 DNA 片段的迁移率也是不同的。若要有效地分离不同大小的 DNA，应采用适当质量浓度的琼脂糖凝胶。

琼脂糖凝胶质量浓度/%	可分辨的线性 DNA 片段大小/kb
0.4	5 ~ 60
0.7	0.8 ~ 10
1.0	0.4 ~ 6
1.5	0.2 ~ 4
1.75	0.2 ~ 3
2.0	0.1 ~ 3

（3）DNA 构象：一般迁移速率超螺旋 > 线状 DNA > 单链开环 DNA。当条件变化时,情况会变化,还与琼脂糖的浓度、电流强度、离子强度及 EB 含量有关。

（4）电压：低电压时,线状 DNA 片段的迁移速率与所加电压成正比。若使分辨效果好,凝胶上所加电压不应超过 5 V/cm。

2. 溴化乙锭为致癌剂,操作时应戴手套,尽量减少台面污染。

【思考题】

1. 对琼脂糖凝胶电泳结果进行简单的描述。

2. DNA 分子在电泳缓冲液中带正电荷还是负电荷? 它在电场中的移动方向如何?

实验 23

酵母 RNA 提取——稀碱法

【背景与目的】

RNA 来源很多,提取制备 RNA 的方法各异。一般有苯酚法、去污剂法、稀碱法和盐酸胍法。不同的方法各有其优缺点,可根据实验目的和材料不同而进行选择。本实验采用稀碱法,该法简便快捷,其实验原理为：在稀碱条件下,酵母细胞壁的胶原层溶解;同时采用骤冷骤热的方法进一步提高细胞壁的通透性,使得在细胞壁不破碎的情况下,让相对分子质量较小的 RNA 透出细胞外,再利用等电点(pH = 2.5)沉淀法纯化酵母 RNA。酵母含有 RNA 达 3% ~ 5% ,本实验采用酵母为实验材料。RNA 在稀碱条件下不稳定,容易被碱分解。

通过本实验使学生掌握稀碱法提取酵母 RNA 的实验原理和方法。

【试剂与仪器】

1. 材料

商品啤酒酵母

2. 试剂

（1）0.04 mol/L NaOH 溶液　　　　（2）6 mol/L HCl

（3）95% 乙醇　　　　　　　　　　（4）工业酒精

3. 仪器

（1）磁力搅拌器　　　　　　　　　（2）离心机

（3）电子天平　　　　　　　　　　（4）恒温水浴锅

（5）研钵　　　　　　　　　　　　（6）真空干燥器

（7）烘干箱　　　　　　　　　　　（8）涡旋振荡器

【实验方法】

1. 研磨（10 min）

15 g 酵母（m_0）+ 大约 70 mL 0.04 mol/L NaOH（预留 15 mL 对研钵进行洗涤）。

2. RNA 的提取

（1）将悬液转移至烧杯中，先用广泛试纸检测溶液的 pH 后，再用 0.1 mol/L HCl 中和至 pH 7.0（试纸检测即可）。

（2）在沸水浴中加热 10 min 后（间隔性搅拌），迅速将一块冰块加入其中使其迅速冷却，并将其用自来水冷却至自来水温度。

（3）在冰柜中冷却 20 min 后转移至离心管，配平，离心 10 min，3 000 r/min，取上清。

（4）将上清加入等体积工业酒精（边加边搅拌，观察溶液的浑浊度），先用 6 mol/L HCl 中和，当 pH 接近 2.5 时再用 0.1 mol/L HCl 中和至 pH 2.5（试纸检测），使 RNA 沉淀（观察溶液的浑浊度），以进一步去掉小分子的蛋白质。配平，离心 10 min，3 500 r/min，取沉淀。

3. 脱水

用 20 mL 95% 乙醇将粗 RNA 用涡旋振荡器充分悬起，离心 10 min，2 500 r/min，取沉淀。

4. 干燥

用白纱布将离心管口封闭，抽真空干燥后，将其放在有五氧化二磷的干燥器中待用。

5. 称样品的质量（m_1）

6. 收率计算

$$\text{RNA 的收率} = \frac{m_1}{m_0} \times 100\%$$

【注意事项】

1. 实验过程中尽量避免样品的损失。

2. 研磨力度要适中。力度过大，细胞容易破碎，提取液中杂质过多；力度过小，RNA 提取不彻底，导致 RNA 收率较低。

3. 使用乙醇洗涤 RNA 时，要将 RNA 充分悬起、搅匀，否则干燥的 RNA 样品易结块，且有颜色。

【思考题】

1. 提取制备 RNA 常用的方法有哪几种，各有何优缺点？
2. RNA 提取过程中有哪些关键步骤及注意事项？

实验 **24**

RNA 含量测定

24 – 1　定磷法测定 RNA 含量

【背景与目的】

用浓硫酸将样品消化，使其中的有机磷氧化成无机磷，而无机磷与定磷试剂中的钼酸铵以钼酸形式反应生成磷钼酸；在一定的酸度并有还原剂存在的条件下，其中的高价钼被还原成低价钼，从而由磷钼酸生成深蓝色的还原产物——钼蓝。反应原理如下：

$$H_3PO_4 + 12H_2MoO_4 \Longrightarrow H_3P(Mo_3O_{10})_4 + 12H_2O$$

$$\downarrow 还原剂$$

$$钼蓝$$

钼蓝在 660 nm 处有最大吸收峰，在一定的磷浓度范围内，溶液颜色的深浅与磷的含量成正比。先绘制标准无机磷试剂（KH_2PO_4）与定磷试剂反应的标准曲线，以获得含磷量和吸光值之间的定量关系。

定磷法具有准确、快速、灵敏度高等特点，最低可以检测到 10 μg/mL 核酸水平，是测定核酸含量的较好方法。

通过本实验使学生掌握该法测定 RNA 含量的实验原理、过程和分光光度计的使用。

【试剂与仪器】

1. 材料

酵母 RNA（实验 23 提取）

2. 试剂

（1）样品液：将 250 mg 上述提取的酵母 RNA 样品加入少量氨水（小于 5 mL，助溶作用）；再用蒸馏水定容至 50 mL，作为原液待用。注：使用时根据需要进行稀释即可。

（2）标准磷溶液：将 KH_2PO_4 置于 105 ℃烘箱中，烘至恒重，放于干燥器中，降至室温。准确称取 0.219 5 g（含磷 50 mg），水溶并定容至 50 mL（磷含量为 1 mg/mL），作为贮存液于冰箱中待用。测定时，将其稀释 100 倍，其中磷含量为 10 μg/mL。

（3）定磷试剂：3 mol/L 硫酸：水：2.5% 钼酸铵：10% 抗坏血酸＝1：2：1：1（按此顺序加入）。

（4）5 mol/L 硫酸

3. 仪器

分光光度计

【实验方法】

1. 制作标准曲线

取 1.0 mL 无机磷贮存液，置 100 mL 容量瓶中，用蒸馏水稀释到刻度，制成标准磷溶液（10 μg/mL）。

试管编号	空白	1	2	3	4	5
标准磷溶液/mL	0.0	0.2	0.4	0.6	0.8	1.0
蒸馏水/mL	3.0	2.8	2.6	2.4	2.2	2.0
定磷试剂/mL	3.0	3.0	3.0	3.0	3.0	3.0
无机磷含量/μg	0.0	2.0	4.0	6.0	8.0	10.0
摇匀，45 ℃水浴保温 25 min，取出冷却至室温测 *OD* 值						
$A_{660\,nm}$						

上述实验平行操作 2 次，并计算光吸收值平均值。以标准磷含量（μg）为横坐标，以光吸收值为纵坐标，绘制无机磷标准曲线。

2. 样品的消化

（1）取 2 个微量凯氏定氮瓶，分别加入 0.5 mL 蒸馏水，此组为空白对照；另取 2 个微量凯氏定氮瓶，分别加入 0.5 mL 制备 RNA 原液（5 mL/mg），此组为实验组。

（2）消化：分别向每个微量凯氏定氮瓶中加入 1.5 mL H_2SO_4（5 mol/L），通风橱内明火消化至溶液黄褐色，取出并冷却；加入 2 滴过氧化氢，继续消化到溶液透明为止，取出并冷却；加 0.5 mL 蒸馏水，沸水浴 10 min，以分解焦磷酸。

（3）冷却至室温，转移并用蒸馏水定容在 50 mL 容量瓶中（用于检测磷含量）。

3. 定磷法测定样品酵母 RNA 磷含量

试管编号	空白	1	2	3	4
空白溶液/mL	0.0	3.0	3.0	0.0	0.0
酵母 RNA 样品/mL	0.0	0.0	0.0	3.0	3.0
蒸馏水/mL	3.0	0.0	0.0	0.0	0.0
定磷试剂/mL	3.0	3.0	3.0	3.0	3.0
摇匀，45 ℃水浴保温 25 min，取出冷却至室温测 *OD* 值					
$A_{660\,nm}$					

空白溶液与酵母 RNA 样品均来自消化并定容后的溶液,其中空白溶液和酵母 RNA 样品各 2 个。上述实验平行操作 2 次,并计算光吸收值平均值。

4. 核酸含量计算

（1）样品中磷含量

测得的样品吸光值减去空白的吸光值,根据标准曲线查出对应磷的量,并计算酵母 RNA 溶液中磷的含量。

（2）计算 RNA 的量

　　样品中 RNA 的量 = 样品中磷含量 × 10.5　　　（1 μg 磷相当于 10.5 μg RNA）

（3）RNA 含量

$$RNA \text{ 含量} = \frac{\text{样品中 RNA 的量}}{\text{样品粗 RNA 总量}} \times 100\%$$

【注意事项】

1. 定磷法测定核酸含量时,所有试剂都要用重蒸馏水配制,定磷试剂要当天配制。

2. 无机磷量的影响:未消化样品中通常会含有少量的无机磷,本实验没有检测未消化核酸样品中的无机磷,因此所得核酸的含量会比实际含量偏高。

3. DNA 的影响:尽管酵母中 RNA 含量较高（2.67% ~ 10.00%）,而 DNA 含量较低（0.02% ~ 0.52%）,但在 RNA 粗提过程中仍然有少量的 DNA,进而影响 RNA 的含量。

【思考题】

说明定磷法测定核酸含量的原理。定磷法的操作中有哪些关键环节?

24 - 2　苔黑酚法测定 RNA 含量

【背景与目的】

RNA 和浓盐酸共热时,水解生成碱基、核糖和磷酸,其中的核糖在浓酸中脱水环化生成糠醛,它与苔黑酚（3,5 - 二羟甲苯,又名地衣酚）反应生成鲜绿色物质。该反应需要 $FeCl_3$ 或 $CuCl_2$ 做催化剂,产物在 680 nm 处有最大吸收值。待测样品最适浓度为每毫升含有 20 ~ 250 μg RNA,光吸收值与 RNA 的浓度成正比关系。苔黑酚与戊糖均发生此反应,所以样品中 DNA 含量多时干扰测定。此外,蛋白质、黏多糖对测定也有干扰。

通过本实验使学生掌握该法的实验原理、方法及分光光度计的使用。

【试剂与仪器】

1. 材料

酵母 RNA（实验 23 提取）

2. 试剂

（1）商品酵母 RNA 的标准溶液（100 μg/mL）:取商品酵母 RNA,定磷法测定其纯度后,按纯核酸含量配制 100 μg/mL 溶液。

（2）样品待测液：将 100 mg 的粗提 RNA 在烧杯中用大约 5 mL 氨水将其溶解，然后用蒸馏水定容在 50 mL 的容量瓶中，浓度为 2 mg/mL，测定时将其稀释 20 倍至 100 μg/mL。

（3）苔黑酚试剂：实验前用 10 g/L 的 $FeCl_3$ 浓盐酸溶液作为溶剂配制 10 g/L 的苔黑酚。

3. 仪器

（1）水浴锅　　　　　　　　（2）分光光度计

【实验方法】

1. 标准曲线的绘制

样　品	1	2	3	4	5	6
RNA 标准溶液/mL	0.0	0.5	1.0	1.5	2.0	2.5
蒸馏水/mL	2.5	2.0	1.5	1.0	0.5	0.0
苔黑酚试剂/mL	2.5	2.5	2.5	2.5	2.5	2.5
RNA/μg	0	50	100	150	200	250
摇匀，沸水浴 20 min，间隔一定时间振荡，取出冷至室温测 OD 值						
$A_{680\,nm}$						

上述实验平行操作 2 次，并计算光吸收值平均值。以标准 RNA 含量（μg）为横坐标，以光吸收值为纵坐标，绘制 RNA 标准曲线。

2. 待测样品的测定

样　品	对　照	待　测　样
蒸馏水/mL	2.5	0.0
粗提 RNA/mL	0.0	2.5
苔黑酚试剂/mL	2.5	2.5
摇匀，沸水浴 20 min，间隔一定时间振荡，取出冷至室温测 OD 值		
$A_{680\,nm}$		

上述实验平行操作 2 次，并计算光吸收值平均值。根据绘制的标准曲线计算 RNA 的量。

3. 计算 RNA 含量

$$RNA\ 含量 = \frac{样品中\ RNA\ 量（μg）}{样品粗\ RNA\ 量（μg）} \times 100\%$$

【注意事项】

1. 实验前定磷法测定商品酵母 RNA 的纯度。

2. 苔黑酚试剂当天配制当天使用。

3. 本法特异性较差，凡属戊糖均有反应。微量 DNA 无影响，但较多 DNA 存在时，会有干扰作用。如在试剂中加入适量 $CuCl_2 \cdot 2H_2O$，可减少 DNA 的干扰。此外，利用 RNA 和 DNA 显色复合物的最大光吸收不同，且在不同时间显示最大色度加以区分。反应 2 min 后，DNA 在 600 nm 呈现最大光吸收，而 RNA 则在反应 15 min 后，在 680 nm 下呈现最大光吸收。

【思考题】

苔黑酚反应中,干扰 RNA 的测定因素有哪些? 如何能减少他们的影响?

24-3 紫外吸收法测定 RNA 含量

【背景与目的】

组成核酸(DNA 和 RNA)的嘌呤和嘧啶碱基具有共轭双键系统,使其在 260 nm 处有最大紫外吸收峰,利用该性质可进行核酸的定量测定。该方法具有简便、快速和灵敏等特点。蛋白质也具有紫外吸收性质,吸收高峰在 280 nm 波长处,在 260 nm 处的吸收值仅为核酸的十分之一或更低,因此如果样品中蛋白质含量较低时对核酸的紫外测定影响不大。

通过本实验使学生掌握该实验的实验原理、方法及紫外分光光度计的使用。

【试剂与仪器】

1. 材料

酵母 RNA(实验 23 提取)

2. 试剂

实验前用定磷法测定商品酵母 RNA 的纯度,将商品酵母 RNA 及待测样品 RNA 溶液均配制成 5 μg/mL,以蒸馏水作对照。

3. 仪器

紫外分光光度计

【实验方法】

使用紫外分光光度计在 260 nm 处测定商品酵母 RNA 及待测样品 RNA 溶液的光吸收值,以蒸馏水作对照。

1. 计算 RNA 质量浓度

$$RNA\ 质量浓度(μg/mL) = \frac{OD_{260}}{0.024 \cdot L} \times 稀释倍数$$

$$DNA\ 质量浓度(μg/mL) = \frac{OD_{260}}{0.020 \cdot L} \times 稀释倍数$$

式中,OD_{260} 为 260 nm 下的光密度值;L 为比色池的厚度;0.024 为 1 mL 溶液内含 1 μg RNA 的光密度值;0.02 为 1 mL 溶液内含 1 μg DNA 钠盐的光密度值。

2. 计算 RNA 含量

$$RNA\ 含量 = \frac{待测液中测得的核酸量(μg)}{待测液中制品的量(μg)} \times 100\%$$

【思考题】

用紫外吸收法测定 RNA 含量时,若样品中含有蛋白质,如何排除干扰? 你认为最简便的方法是什么?

实验 25

正交法优化多糖的提取工艺

【背景与目的】

用水作溶剂来提取多糖是最常用的方法之一。多糖的水提受浸提温度、浸提时间、浸液比、浸提次数等多种因素的影响。通常在其他因素恒定的条件下，通过某一因素在一系列变化条件下的多糖回收率测定求得该因素的影响，这是单因素的试验方法。对于多因素的试验可以通过正交试验设计法来完成。正交法是借助于正交表，通过比较少的实验次数，找到实验的最佳条件、分清因素的主次。正交法是科学研究中经常采用的实验方法。

本实验运用正交法测定浸提温度、浸提时间、浸液比、浸提次数这四个因素对多糖回收率的影响，并求得在什么样的浸提温度、浸提时间、浸液比、浸提次数时获得的多糖回收率最大。按一般方法，如对四个因素三个水平的各种搭配都要考虑，共需做 $3^4 = 81$ 次试验，而用正交表只需做 9 次试验。

通过本实验学习运用正交实验解决多因素问题的方法，掌握正交表的设计方法。

【试剂与仪器】

1. 材料

本实验以浒苔为例，也可选择人参、香菇或其他材料。

2. 试剂

（1）95% 乙醇　　　　　　　（2）无水乙醇
（3）乙醚　　　　　　　　　（4）P_2O_5

3. 仪器

（1）电子天平　　　　　　　（2）烧杯
（3）玻璃棒　　　　　　　　（4）恒温水浴锅
（5）纱布　　　　　　　　　（6）容量瓶
（7）真空干燥器

【实验方法】

1. 实验设计

（1）确定实验因素和水平：本实验取四个因素，即浸提温度、浸提时间、浸液比、浸提次数。每个因素选三个水平（水平即在因素的允许变化范围内，要进行试验的"点"）。实验因素和选用水平如下表所示。

水平 ＼ 因素	浸提时间/h	浸提温度/℃	浸液比	浸提次数
1	0.5	60	1:10	1
2	1	75	1:20	2
3	2	90	1:30	3

（2）选择合适的正交表：合适的正交表，是指要考察的因素的自由度总和，应该不大于所选正交表的总自由度。如正交表 $L_n(t^q)$，其中 L 为正交表的代号，n 为处理数（实验次数），t 为水平数，q 为因素数；实验次数 $n = q(t-1)+1$；总自由度 $V_总 = n-1$；各列自由度 $V_列 = K-1$（K 为该列水平数）。

以本实验为例，四个因素的自由度总和为 8，不超过所选正交表的总自由度 8，所以选择 $L_9(3^4)$ 是合适的。

（3）正交表的表头设计：将四个因素依次放入 $L_9(3^4)$ 的第 1、2、3、4 列上，形成正交表的表头。每一列中水平的设计具有以下两个特征：①每一列中，各水平出现的次数相等。例如在两水平正交表中，任何一列都有"1"与"2"，且任何一列中它们出现的次数是相等的；如在三水平正交表中，任何一列都有"1"、"2"、"3"，且在任一列的出现数均相等。②任意两列中各水平的排列方式齐全而且均衡。例如在两水平正交表中，任何两列（同一横行内）组成的有序数对共有 4 种：（1,1）、（1,2）、（2,1）、（2,2）。每种数对出现次数相等。在三水平情况下，任何两列（同一横行内）组成的有序数对共有 9 种：（1,1）、（1,2）、（1,3）、（2,1）、（2,2）、（2,3）、（3,1）、（3,2）、（3,3），且每对出现次数也均相等。

以上两点充分地体现了正交表的两大优越性，即"均匀分散性、整齐可比"。通俗地说，每个因素的每个水平与另一个因素各水平各"碰"一次，这就是正交性。

水平 ＼ 因素 试管号	1	2	3	4
1	1	1	1	1
2	1	2	2	2
3	1	3	3	3
4	2	1	2	3
5	2	2	3	1
6	2	3	1	2
7	3	1	3	2
8	3	2	1	3
9	3	3	2	1

2. 实验安排

将实验的四个因素依次填入 L_9 表的因素 1，2，3，4 中，再将各列的水平数用该列因素相应的水平写出来，得到下表所示的实验安排表。

实 验 号	1	2	3	4	5	6	7	8	9
浸提时间/h	0.5	0.5	0.5	1	1	1	2	2	2
浸提温度/℃	60	75	90	60	75	90	60	75	90
浸液比	1:10	1:20	1:30	1:20	1:30	1:10	1:30	1:10	1:20
浸提次数	1	2	3	3	1	2	2	3	1

浒苔样品用自来水冲洗,烘至恒重后各组取 10 g,按上表安排,依次完成水浴锅内恒温水煮,后用纱布过滤等操作。

将滤液浓缩至小体积后,加入 4 倍体积 95% 乙醇,4 ℃静置过夜。醇沉后倒出上清,将沉淀 3 500 r/min 离心 15 min,取出沉淀,沉淀依次用 85% 乙醇、95% 乙醇、无水乙醇、乙醚脱水,P_2O_5 真空干燥过夜,即得粗多糖。

计算回收率:回收率 = 粗多糖样品质量/浒苔样品质量。

3. 实验结果分析

实验做好后,把 9 个数据填入表中,按表中数据计算出各因素的一水平的实验结果总和、二水平的实验结果总和、三水平的实验结果总和,再取平均值(各除以 3),最后计算极差。极差是指这一列中最高与最低的之差,从极差的大小就可以看出哪个因素对多糖提取回收率的影响大,哪个影响小,并找出在什么样的浸提温度、浸提时间、浸液比、浸提次数时获得的多糖回收率最大。

正交实验结果

编号	1	2	3	4	收率
1	0.5	60	1:10	1	
2	0.5	75	1:20	2	
3	0.5	90	1:30	3	
4	1	60	1:30	2	
5	1	75	1:10	3	
6	1	90	1:30	1	
7	2	60	1:20	3	
8	2	75	1:30	1	
9	2	90	1:10	2	
I_1					
I_2					
I_3					
极差					

I_1 为一水平实验结果总和,I_2 为二水平实验结果总和,I_3 为三水平实验结果总和。

【实验结果】

浒苔多糖正交实验结果举例

编号	1	2	3	4	收率
1	0.5	60	1:10	1	0.512%
2	0.5	75	1:20	2	2.758%
3	0.5	90	1:30	3	3.875%

续表

编号	1	2	3	4	收率
4	1	60	1∶30	2	2.866%
5	1	75	1∶10	3	1.294%
6	1	90	1∶20	1	4.729%
7	2	60	1∶20	3	3.540%
8	2	75	1∶30	1	2.602%
9	2	90	1∶10	2	3.994%
I_1	7.145%	6.918%	5.8%	7.843%	
I_2	8.889%	6.654%	11.027%	9.618%	
I_3	10.136%	12.598%	9.343%	8.709%	
极差	2.991%	5.68%	5.227%	1.775%	

实验结果表明,对浒苔多糖水提影响最大的因素是温度和浸液比。浒苔多糖水提的最佳条件是:按浸提比1∶20,在90 ℃下煮提1次,每次1 h。在此条件下浒苔粗多糖的得率为4.729%。

【注意事项】

1. 要选择合适的正交表,需先确定所考察的因素的自由度总和,应该不大于所选正交表的总自由度。

2. 本实验是通过比较回收率来选择多糖提取的最佳条件。在实际工作中,也可通过比较滤液的糖含量来选择多糖提取的最佳条件。即直接将所得的滤液用容量瓶定容至100 mL,测定提取液的糖含量(实验方法见实验26)。这样,可省去滤液浓缩、醇沉、干燥等实验步骤。

【思考题】

1. 在什么情况下可采取正交法? 试说明正交法较一般方法的优势。
2. 试总结正交表的特征。

实验 *26*

单寨糖与多糖的含量测定
——苯酚－硫酸法

【背景与目的】

游离的单寨糖、多糖中的己糖、糖醛酸在浓硫酸作用下,脱水生成的糠醛或羟甲基糠醛能与苯酚缩合成一种橙红色化合物。己糖生成的化合物在 490 nm 波长处(戊糖及糖醛酸在 480 nm)有最大吸收峰,吸收值与糖含量(10~100 mg)呈线性关系。此方法简单、快速、灵敏,颜色持久。

通过本实验掌握单寡糖与多糖含量测定的方法。

【试剂与仪器】

1. 材料

实验制备的单寡糖或多糖样品。

2. 试剂

(1) 浓 H_2SO_4:分析纯 95.5%。

(2) 6% 苯酚(分析纯重蒸试剂):临用前以 80% 苯酚配制(可置冰箱中避光长期贮存)。

(3) 分析纯葡萄糖

3. 仪器

(1) 分析天平　　　　(2) 容量瓶

(3) 移液管　　　　(4) 可见光分光光度计

【实验方法】

1. 标准曲线的制定(以葡萄糖为标准样制定标准曲线)

精密称取干燥至恒重的无水葡萄糖 50 mg 于 500 mL 容量瓶中加水定容,分别精取 0.2、0.4、0.6、0.8、1.0 mL 于大试管中,补加蒸馏水至 1.0 mL,以 1.0 mL 蒸馏水为空白,分别加 6% 苯酚 0.5 mL,浓 H_2SO_4 2.5 mL,立即摇匀,室温放置 10 min 后于 490 nm 测定光吸收值,以横坐标为多糖微克数,纵坐标为光吸收值,绘出葡萄糖微克数与光吸收值之间的标准曲线。

试管编号	标准液/mL	蒸馏水/mL	6% 苯酚/mL	浓 H_2SO_4/mL	$A_{490\,nm}$
0	0	1.0	0.5	2.5	
1	0.2	0.8	0.5	2.5	
2	0.4	0.6	0.5	2.5	
3	0.6	0.4	0.5	2.5	
4	0.8	0.2	0.5	2.5	
5	1.0	0	0.5	2.5	

2. 单寡糖与多糖的含量测定(苯酚 – 硫酸法)

将待测样品各取 5 mg,水溶并定容至 50 mL,然后取干燥洁净试管,将 5 mg/50 mL 糖溶液、6% 苯酚溶液、浓 H_2SO_4 依次按 1.0 mL : 0.5 mL : 2.5 mL 的比例加入,混匀。冷却 10 min 后,静置,以蒸馏水代替糖溶液作对照,在 490 nm 下比色,每个样品平行做三管。所得数值取平均值,对照标准曲线可得单寡糖与多糖含量。

【实验结果】

绘制标准曲线,计算回归方程。

【注意事项】

1. 此法适宜于检测凝胶柱部分收集样品中相对糖含量的分析。

2. 制作标准曲线宜用相应的标准多糖,如用葡萄糖制作标准曲线,应以校正系数 0.9 校正糖的微克数。对其他同多糖亦如此。

3. 对杂多糖,可根据各单糖的组成比及主要组分单糖的标准曲线的校正系数加以校正计算,可得较满意结果。

4. 有颜色的样品,结果易偏高,不理想。

【思考题】

1. 本法测定糖含量的原理是什么?

2. 哪些因素能影响结果的准确性?

实验 *27*

多糖的单糖组成分析
——薄层层析分析法

【背景与目的】

薄层层析(thin layer chromatography,TLC)是把吸附剂等物质涂布于载体上形成薄层,以液体为流动相的一种层析方法。薄层层析可根据固定相的种类分为吸附薄层层析(吸附剂如硅胶)、分配薄层层析(纤维素为固定相)和离子交换薄层层析(离子交换剂为固定相)等。分配薄层层析是流动相流经支持物时,与固定相之间连续抽提,使物质在两相间不断分配而得到分离。吸附薄层层析是利用固定相对物质的吸附能力不同而使物质得到分离。

溶质的移动速率用 R_f 表示:

$$R_f = \frac{原点到层析斑点中心的距离}{原点到溶剂前缘的距离}$$

物质结构、溶剂系统物质组成与比例、pH、温度等因素都会影响 R_f(样品中的盐分、其他杂质以及点样过多皆会影响样品的有效分离)。在一定条件下,R_f 是物质的特征常数。本实验以硅胶为固定相,根据同一块硅胶板中糖的 R_f 与标准糖的 R_f 相比较,即可对单糖的组成进行鉴定。薄层层析在天然药物有效成分分析、微生物发酵液分析、农药的分离鉴定等方面具有广泛的用途。

薄层层析优点有:①展层时间短,薄层层析分离混合物一般仅需 30~60 min;②设备简单、操作方便,既适用于分析,也适用于制备;③温度变化和溶剂饱和程度对 R_f 值影响较小;④一般可使用腐蚀性显色剂。

通过本实验学习层析技术的基本原理,掌握利用薄层层析法分析单糖组成的操作访方法。

【试剂与仪器】

1. 材料

实验制备的寡糖或多糖样品。

2. 试剂

（1）浓 H_2SO_4　　　　　　（2）$BaCO_3$

（3）展层剂:正丁醇:乙醇:水 =4:1:5（体积比）。

（4）显色剂:苯胺 – 邻苯二甲酸正丁醇饱和水溶液。

（5）分析纯标准糖样:如甘露糖、木糖、半乳糖、葡萄糖等。

3. 仪器

（1）水解管　　　　　　（2）电子天平

（3）滤纸　　　　　　　（4）漏斗

（5）毛细管　　　　　　（6）硅胶板（10 cm × 10 cm）

（7）层析缸　　　　　　（8）烘箱

（9）喷雾器

【实验方法】

1. 水解

将 20 mg 待测糖样加 1 mol/L 浓 H_2SO_4 2 mL,封管,100 ℃水解 8 h,固体 $BaCO_3$ 中和,过滤,浓缩至 1 mL。

2. 点样

点样时将硅胶板水平放置,用毛细管在预先标好的位置上（如制板前,在距硅胶板一端 2 cm 处用铅笔画一直线,在直线上,以 1.5 cm 间隔打点作为点样位置）分别点上标准样及待测糖样,点样斑点尽可能小,直径不大于 4 mm。可用吹风机吹干,重复点样 3~4 次,总体积 5 μL（约 5 mg 糖）。

3. 展层

将硅胶板放进层析缸内,装置如图 1 – 16,贮液槽内加入展层剂,硅胶板在此密闭层析装置中展层。展层剂的选择原则是:主要根据样品的极性和样品在溶剂中的溶解度。常用溶剂的极性是乙酸 > 甲醇 > 乙醇 > 丙醇 > 正丁醇 > 乙酸乙酯 > 氯仿 > 乙醚 > 苯 > 石油醚。在一般情况下选用单一的溶剂如乙酸乙酯进行展层。如果所分析的成分 R_f 很大,可考虑选用一种极性较小或采用加进一种或两种极性较小的溶剂组成混合溶剂。本实验采用展层剂为正丁醇:乙醇:水 =4:1:5。

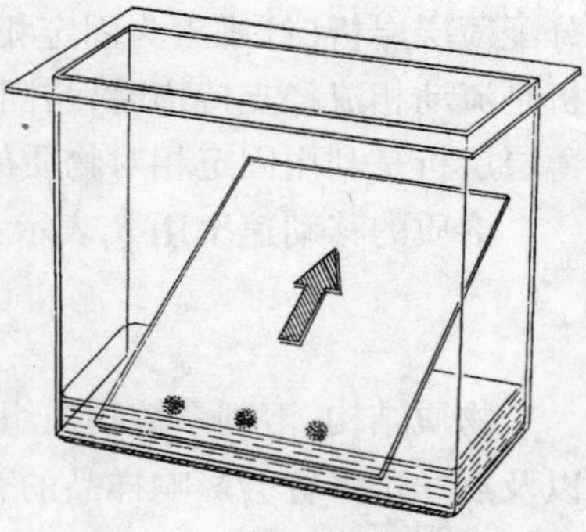

4. 染色

从层析缸中取出硅胶板,记录溶剂前沿。置空气中自然干燥,或用吹风机吹干,或在 60 ℃烘箱中烘 15 min。后用喷雾器向胶板上喷洒显色剂（苯胺 – 邻苯二甲酸正丁醇饱和水溶液）再经 100 ℃显色 15 min,即显现各层析斑点（图 1 – 17）。

图 1 – 16　薄层层析装置

5. 计算相对迁移率 R_f

测量每个斑点中心距加样原点的迁移距离,计算相对迁移率 R_f。通过 R_f 判断样品中含有的

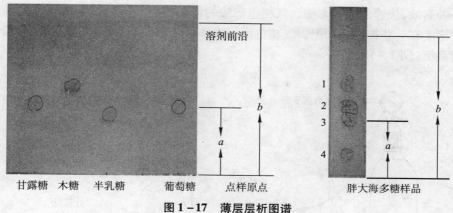

甘露糖　木糖　半乳糖　　　葡萄糖　　　点样原点　　　　　胖大海多糖样品

图 1 – 17　薄层层析图谱

单糖种类。例如,图 1 – 17 中标准品葡萄糖的 $R_f = a/b = 0.42$,胖大海多糖样品中的单糖组分 3 的 $R_f = a/b = 0.42$,因此可判断组分 3 为葡萄糖。

【注意事项】

1. 待测样品浓度太稀时,应适当加以浓缩,保证足够加样量又不使加样体积过大。

2. 点样时不要损坏硅胶表面。

3. 对于单糖可用茴香醛 – 硫酸试剂作显色剂,喷雾后在 100 ~ 105 ℃下烘烤至显色,最低检出量为 0.05 μg,不同的糖显出不同的颜色。

4. 薄层层析板放入层析缸内,点样端浸入展层剂中,但要注意样品点勿浸入溶剂中。待展层剂到达离层析板上沿 1 ~ 2 cm 时,取出层析板,置空气中自然干燥,或用吹风机吹干。

【思考题】

设计一个利用薄层层析鉴定红参中有无皂苷的实验方案。

实验 28

气相色谱法分析多糖的组成

【背景与目的】

气相色谱(gas chromatography,G. C.)是以气体作为流动相的色谱,是 20 世纪五六十年代发展起来的一种高效、快速的分析方法。气相色谱法的流动相是气体(氢气、氮气等),其固定相为特定液体被涂渍在一些担体表面上。气相色谱仪大体可分为 3 个系统:气流系统、分离系统和检测数据处理系统(图 1 - 18)。

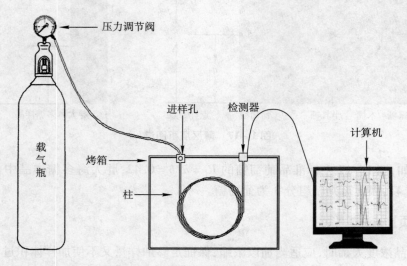

图 1 - 18　气相色谱分析系统的组成

用气相色谱分析样品时,样品是以气体形式从柱子前端引入,那些在液体固定相中有一定溶解度的组分就按平衡定律在液相和气相之间进行分配,然后让某种惰性气体如氮气通过柱子进行洗脱,各组分沿柱子移动的速度取决于它们在液体固定相中的溶解程度,各组分的分配系数差异越大,越有利于分离;而那些在液体固定相中溶解度可忽略的组分,则很快流过柱体。在理想的条件下,气相色谱得到的洗脱曲线呈对称的锐利峰形。气相色谱具有分辨力强(能分析同分异构体)、效率高(能分析很复杂的混合物)、灵敏度好和速度快等优点。该法主要用于定性和定量测定某些化合物。定性测定是以柱子末端出现色谱峰所需时间为依据,而定量测定则是通过计算色谱峰的面积得到的。如把气相色谱和质谱仪连用,不仅可以测定混合物中的组成,而且还可以测出各组分的相对分子质量或官能团。

凡是用气相色谱法测定的样品均须气化,糖样经硅烷化或乙酰化处理后可转化为易气化的衍生物。另外,要对样品进行定性或定量分析必须具备标准品,否则无法测定。

通过本实验学习利用气相色谱法进行单糖组成分析的基本原理和操作方法。

【试剂与仪器】

1. 材料

实验制备的多糖样品,如人参糖、香菇多糖或其他材料,本实验以红参糖为例。

2. 试剂

(1) 无水 HCl - 甲醇:向无水甲醇中通 HCl 气体 2 h 左右,取吸收 HCl 的 HCl - 无水甲醇 5 mL,以 0.5 mol/L NaOH 滴定,计算出 HCl - 无水甲醇中 HCl 的浓度,以无水甲醇调至浓度为 1 mol/L,分装在安瓶中充氨气后密封。置 - 20 ℃冰箱中保存备用,一般可保存 3 个月。

（2）饱和 KOH - 无水甲醇：取无水甲醇加固体 KOH 至饱和。

（3）无水吡啶　　　　　　　（4）甘露醇

（5）硅烷化试剂（六甲基二硅胺烷：三甲基氯硅烷 = 2：1）

（6）三氟乙酸　　　　　　　（7）肌醇

（8）0.1 mol/L Na_2CO_3　　　（9）5% KBH_4

（10）乙酸　　　　　　　　　（11）阳离子交换树脂

（12）正丙胺　　　　　　　　（13）乙酸酐

（14）无水二氯甲烷　　　　　（15）标准糖样

3. 仪器

（1）Vavian 3400 气相色谱仪，附 FID 检测器，HP3365 化学工作站。色谱柱为 SE - 30（50 m × 0.22 mm × 0.25 μm）。

（2）真空泵　　　　　　　　（3）真空干燥器

（4）水浴锅

【实验方法】

1. 甲醇解及硅烷化（T. M. S 衍生物制备）

取干燥糖样 10 mg，加入无水 HCl - 甲醇 2 mL，80 ℃甲醇解 20 h，冷至室温后，用无水 KOH - 甲醇中和至 pH = 6，再于 40 ℃减压旋转蒸干，真空干燥。

向彻底干燥的甲醇解产物中加入 0.2 mL 无水吡啶（内含饱和甘露醇作内标），75 ℃溶解 30 min，然后加入 0.3 mL 硅烷化试剂摇匀，静置几分钟，即可取上清进行气相色谱分析。标准糖样分别按相同方法处理。

2. 乙酰化

称取 20 mg 糖样品，加入 1 mL 2 mol/L 三氟乙酸，120 ℃水解 3 h 后，在 60 ℃水浴中用甲醇除酸至中性。加 1 mg 肌醇，再加 1 mL 0.1 mol/L Na_2CO_3 溶液，30 ℃搅拌 45 min 后，加 0.5 mL 5% KBH_4 溶液还原 1.5 h，加乙酸中和，再加阳离子交换树脂放置 1～2 h，用蒸馏水洗脱，真空干燥。加 3 mL 甲醇，45 ℃真空干燥，加 1 mL 甲醇洗脱，转移至水解管中，再抽干。冷却至室温后加 1 mL 无水吡啶、1 mL 正丙胺，55 ℃搅拌 30 min，抽干。加 0.5 mL 无水吡啶、0.5 mL 乙酸酐，90 ℃搅拌 1 h，抽干。加 1 mL 无水二氯甲烷，离心，取上清进行气相色谱分析。

3. 气相色谱仪分析

将乙酰化的多糖通过气相色谱仪分析检测，条件如下：①气化：300 ℃；②检测：300 ℃；③柱温：120 ℃（2 min）～250 ℃（30 min）；④载气：高纯氮气；⑤检测器：氢焰离子化检测器；⑥柱：3 mm × 2 m 不锈钢充填柱；⑦固定液：3% SE - 30。

【实验结果】

1. 标准糖样的气相色谱图（图 1 - 19）

2. 计算各标准糖样的相对保留时间

在一定条件下，相对保留时间（样品的出峰时间与作为内标的甘露醇或肌醇的出峰时间的比值）是物质的特征常数。根据标准糖样的相对保留时间可以对未知样品进行定性。标准糖样各组分的相对保留时间如下表所示。

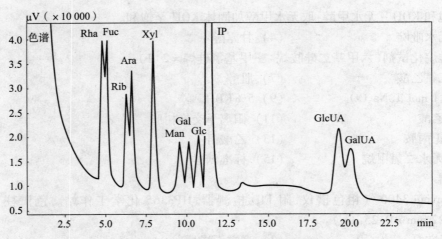

图 1 – 19　混合标准糖样的气相色谱图谱

单　糖	相对保留时间
鼠李糖（Rha）	0.604 5
岩藻糖（Fuc）	0.623 0
核糖（Rib）	0.691 9
阿拉伯糖（Ara）	0.712 5
木糖（Xyl）	0.783 6
甘露糖（Man）	0.891 7
半乳糖（Gal）	0.926 2
葡萄糖（Glc）	0.960 8

3. 红参多糖的气相色谱图（图 1 – 20）

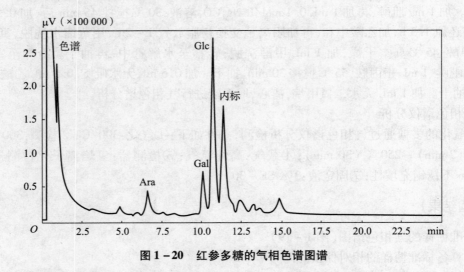

图 1 – 20　红参多糖的气相色谱图谱

4. 根据相对保留时间确定红参多糖的单糖组成

计算红参多糖气相色谱图各峰的相对保留时间,并与标准糖样的相对保留时间相比较,确定红参多糖可检测出 Glc、Gal、Ara。

5. 确定红参多糖中各单糖的相对含量

通过进样体积与样品总体积及样品乙酰化前的质量的比较,即得各组分样品的百分数,其和即为多糖含量。

【注意事项】

该实验可为演示性实验,由于乙酰化时间较长,可以分小组,多组合作完成实验。

【思考题】

糖样加硅烷化试剂或乙酰化试剂的目的是什么?

实验 *29*

多糖相对分子质量分布分析
——Sepharose CL－6B 柱层析法

【背景与目的】

多糖由于具有多方面的生物功能,其研究已成为中草药研发的重要领域。多糖的理化性质和生物功能往往与它的相对分子质量 M_r 大小有关。例如,相对分子质量较大的右旋糖苷(M_r 在10 万~20 万之间)可以使红细胞聚集,并用于血小板和白细胞的分离;而相对分子质量较小的右旋糖苷(M_r 在 2 万~4 万之间)具有解聚红细胞,改善毛细血管血液循环的作用。涉及多糖的分离制备、理化性质和生物功能的研究,均需要测定相对分子质量。

凝胶过滤(gel filtration)色谱或称分子筛层析可用于生物分子的相对分子质量测定。由于小分子可以进入凝胶网孔,移动路程长;大的分子则被排阻于凝胶颗粒之外,将随洗脱液从凝胶颗粒之间的空隙洗脱下来,移动路程短,迁移速度快,这样就可达到分离的目的。

凝胶色谱法所需设备简单,操作方便,凝胶可以反复多次使用。凝胶色谱最早是用做水溶性生物大分子的分离和相对分子质量的测定,随着科学技术的发展,各种规格性能和适合于不同用途的凝胶相继问世,凝胶色谱已不局限于生物大分子的分离和相对分子质量的测定,现已广泛用于生物化学和天然药物化学生物活性成分及化学成分的分离。

现有的各种性能规格的商品凝胶包括:葡聚糖凝胶(商品名为 Sephadex)、琼脂糖凝胶(商品名为 Sepharose,Bio－Gel A)、具有离子交换和分子筛双重性质的羧甲基交联葡聚糖凝胶(CM－Sephadex)、二乙胺乙基交联葡聚糖凝胶(DEAE－Sephadex)、磺丙基交联葡聚糖凝胶(sp. Sephadex)、苯胺乙基交联葡聚糖凝胶(QAL Sephadex)及适合于亲脂性化物分离的丙烯基交联葡聚糖凝胶(Sephadex LH20)等。

通过本实验回顾凝胶过滤色谱法的分离原理,掌握凝胶过滤色谱法的操作过程。

【试剂与仪器】

1. 材料

实验制备的多糖样品,本实验以香菇多糖为例。

2. 试剂

(1) 琼脂糖凝胶(Sepharose CL – 6B) (2) 蓝色葡聚糖及不同相对分子质量葡聚糖标准品

(3) 乙醇 (4) 洗脱液:生理盐水(9 g/L NaCl)

3. 仪器

(1) 层析柱 1 cm × 90 cm (2) 恒流泵

(3) 自动部分收集器 (4) 紫外检测仪

(5) 记录仪 (6) 紫外 – 可见光分光光度计

【实验方法】

1. 凝胶浸泡

将 Sepharose CL – 6B 凝胶用乙醇浸泡,胀后倒去不易沉下的较细颗粒。将溶胀后的凝胶抽干,用 10 倍体积的洗脱液处理约 1 h,搅拌后继续除去悬浮的较细颗粒。

2. 装柱

将 Sepharose CL – 6B 分析柱垂直装好,关闭出口,加入洗脱液约 1 cm 高。将处理好的凝胶用等体积洗脱液搅成浆状,自柱顶部沿管内壁缓缓加入柱中,待底部凝胶沉积约 1 cm 高时,再打开出口,继续加入凝胶浆,至凝胶沉积至刻线处(约 80 cm)即可。装柱要求连续、均匀、无气泡。

3. 平衡

将洗脱液与恒流泵相连,恒流泵出口端与层析柱入口相连,用 2 ~ 3 倍床体积洗脱液进行洗脱和平衡(流速为 2 mL/10 min/管)。

4. 加样与洗脱

将柱中多余的液体放出,使液面刚好盖过凝胶,关闭出口,将 1 mL 样品(粗糖样 10 mg,标准糖样 3 ~ 5 mg)沿层析柱管壁小心加入,加完后打开底端出口,使液面降至与凝胶面相平时关闭出口,用少量洗脱液洗柱内壁 2 次,加洗脱液至液层 4 cm 左右,接上恒流泵,调好流速(流速为 2 mL/10 min/管),用 9 g/L NaCl 溶液开始洗脱。

5. 收集与测定

以 BS – 100A 自动部分收集器收集,苯酚 – 硫酸法测糖分布。

【实验结果】

1. $\lg M_r$(多糖) – 洗脱体积(V_e)标准曲线的制定

取不同相对分子质量的葡聚糖标准品各 3 mg,溶成 1 mL 溶液,分别上柱,以 9 g/L 的 NaCl 溶液洗脱,BS – 100A 自动部分收集器收集,苯酚 – 硫酸法测定多糖分布,绘层析图谱(图 1 – 21),确定各峰的洗脱体积(开始洗脱至出峰一半的洗脱液之和),计算葡聚糖标准品的相对分子质量对数,列于下表内。

葡聚糖标准品的相对分子质量(M_r)及洗脱体积(V_e)

M_r	$\lg M_r$	V_e/mL
50 000	4. 699	138. 1
150 000	5. 176	123. 3
670 000	5. 826	106. 2
890 000	5. 949	98. 2
980 000	5. 992	89. 1

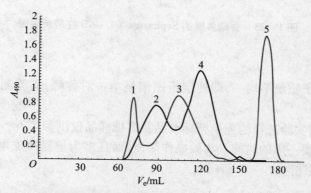

图 1 - 21　葡聚糖标准品的 Sepharose CL - 6B 柱层析图谱

1 号峰为蓝葡聚糖,2 号峰为 9.8×10^5 葡聚糖,3 号峰为 6.7×10^5 葡聚糖,4 号峰为 1.5×10^5 葡聚糖,5 号峰为葡萄糖

以洗脱体积为横坐标,相对分子质量的对数为纵坐标,绘制标准曲线(图 1 - 22)。

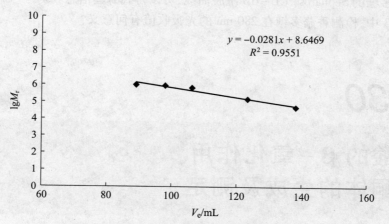

$$y = -0.0281x + 8.6469$$
$$R^2 = 0.9551$$

图 1 - 22　$\lg M_r$(多糖) - 洗脱体积(V_e)标准曲线

2. 多糖的相对分子质量分布测定

称取多糖 15 mg(以实验室制备的香菇多糖为例)溶成 1 mL 溶液,离心,上柱进行层析,其层析图谱如图 1 - 23 所示。

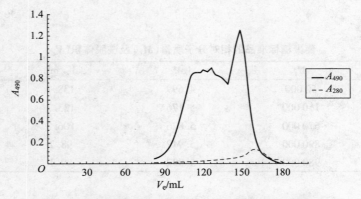

图 1 - 23　香菇多糖的 Sepharose CL - 6B 柱层析图谱

【注意事项】

1. 多糖的相对分子质量不均一,即使层析图谱呈单一对称峰,实验测得的也是多糖的平均相对分子质量。

2. 为便于说明,该实验选择的葡聚糖标准品及多糖样品仅供参考。

3. 该实验大约需要一周的时间。实验操作简便,而且多为重复性工作,可以课内外结合,采取多人分工合作标定层析柱。

【思考题】

1. 假设 200 000 的蓝葡聚糖出峰在 33 管,而重铬酸钾(M_r 294.18)出峰在 87 管,该实验结果将给以怎样的提示?

2. 从香菇多糖的 Sepharose CL - 6B 洗脱曲线,可以得到哪些信息?

3. 图 1 - 23 中,检测香菇多糖在 280 nm 的光吸收值有何意义?

实验 *30*

脂肪酸的 β - 氧化作用
——酮体的生成及测定

【背景与目的】

在肝脏中,脂肪酸经 β - 氧化作用生成乙酰辅酶 A。2 分子乙酰辅酶 A 可再缩合成乙酰乙酸。乙酰乙酸可脱羧生成丙酮,也可还原生成 β - 羟丁酸。乙酰乙酸、β - 羟丁酸和丙酮总称为酮体。酮体为机体代谢的中间产物,在正常情况下,其产量甚微,患糖尿病或食用高脂肪膳食时,血中酮体含量增高,尿中也可能出现酮体。

本实验用新鲜肝糜与正丁酸保温反应,生成的丙酮可用碘仿反应测定。因为在碱性溶液中碘可以将丙酮氧化为碘仿(CHI_3),所以通过用硫代硫酸钠($Na_2S_2O_3$)滴定反应中剩余的碘就可以计算出所消耗的碘量,进而可以得出以丙酮为代表的酮体含量。有关的反应式如下:

$$2NaOH + I_2 \rightleftharpoons NaOI + NaI + H_2O$$
$$CH_3COCH_3 + 3NaOI \rightleftharpoons CHI_3 + CH_3COONa + 2NaOH$$
碘仿

剩余的碘可用标准硫代硫酸钠溶液滴定:

$$NaOI + NaI + 2HCl \rightleftharpoons I_2 + 2NaCl + H_2O$$
$$I_2 + 2Na_2S_2O_3 \rightleftharpoons Na_2S_4O_6 + 2NaI$$

根据滴定样品与滴定对照样所消耗的硫代硫酸钠溶液体积之差,可以计算出由正丁酸氧化生成丙酮的量。

通过本实验掌握酮体测定的实验原理和方法,了解酮体测定的意义。

【试剂与仪器】

1. 材料

家兔、大白鼠或鸡等的新鲜肝组织。

2. 试剂

(1) 0.1 mol/L 碘溶液:称取 12.7 g 碘和约 25 g 碘化钾,溶于水中,稀释至 100 mL,混匀,用标准硫代硫酸钠溶液标定。

(2) 0.5 mol/L 正丁酸溶液:取 5 mL 正丁酸,用 0.5 mol/L NaOH 溶液中和至 pH 7.6,并稀释至 100 mL。

(3) 0.2 mol/L 硫代硫酸钠溶液:称取 $Na_2S_2O_3 \cdot 5H_2O$ 24.82 g 和无水 Na_2SO_4 400 mg,溶于1 000 mL 刚煮沸而冷却的蒸馏水中,配成 0.2 mol/L 溶液,用 0.1 mol/L KIO_3 标定。

(4) 0.1 mol/L KIO_3 溶液:准确称取 KIO_3(相对分子质量 214.02)21.4 g,溶于水后,转入1 000 mL 容量瓶内,加蒸馏水至刻度。

(5) 0.04 mol/L 标准硫代硫酸钠溶液的标定:吸取 0.1 mol/L KIO_3 20 mL 于锥形瓶中,加入碘化钾 1 g 及 12 mol/L H_2SO_4 溶液 5 mL,然后用上述 0.2 mol/L $Na_2S_2O_3$ 溶液滴定至浅黄色,再加0.1% 淀粉溶液 3 滴作指示剂,此时溶液呈蓝色,继续滴定至蓝色刚消退为止,计算 $Na_2S_2O_3$ 溶液的准确浓度。临用时将已标定的 $Na_2S_2O_3$ 溶液稀释成 0.04 mol/L。

(6) 1 g/L 淀粉溶液　　　　(7) 9 g/L NaCl 溶液

(8) 10% HCl 溶液　　　　　(9) 100 g/L NaOH 溶液

(10) 15% 三氯乙酸溶液　　　(11) 1/15 mol/L 磷酸缓冲液(pH 7.6)

3. 仪器

(1) 烧杯　　　　　　　　　(2) pH 试纸

(3) 剪刀和镊子　　　　　　(4) 锥形瓶

(5) 漏斗　　　　　　　　　(6) 移液管

(7) 恒温水浴锅　　　　　　(8) 天平

（9）微量滴定管 （10）玻璃皿
（11）碘量瓶 （12）匀浆器

【实验方法】

1. 肝匀浆的制备

动物处死后,迅速取出肝,用 9 g/L NaCl 溶液洗去污血,用滤纸吸去表面的水分。称取 5 g 肝组织置玻璃皿上,剪碎,倒入匀浆器内匀浆,再加 9 g/L NaCl 溶液至总体积为 10 mL。

2. 酮体的生成

取 2 个锥形瓶编号,按下表操作。

编 号	1	2
肝匀浆/mL	—	2.0
预先煮沸肝匀浆/mL	2.0	—
1/15 mol/L 磷酸缓冲液(pH 7.6)/mL	4.0	4.0
0.5 mol/L 正丁酸溶液/mL	2.0	2.0
43 ℃水浴保温 40 min		
15% 三氯乙酸/mL	3.0	3.0
静置 5 min 后,过滤,滤液分别收集于试管中		

3. 酮体的测定

取碘量瓶 2 个,根据上述编号顺序按下表操作。

编 号	1	2
滤液/mL	5.0	5.0
0.1 mol/L 碘液/mL	3.0	3.0
100 g/L NaOH 溶液/mL	3.0	3.0

将试管摇匀后,静置 10 min。各管加入 2~5 mL 10% HCl 溶液进行中和反应(用 pH 试纸调至中性),然后用 0.04 mol/L 标准硫代硫酸钠溶液滴定剩余的碘,滴定至浅黄色时,加入 1 g/L 淀粉溶液作指示剂,摇匀,并继续滴到蓝色恰好消失。记录滴定各管所用的硫代硫酸钠溶液的体积数。

【实验结果】

根据滴定样品与对照所消耗的硫代硫酸钠溶液体积之差,可以计算由正丁酸氧化生成的丙酮的量。

$$肝生成丙酮的量 = (V_1 - V_2) \times M_{Na_2S_2O_3} \times \frac{1}{6}$$

式中,V_1 为滴定样品 1(对照)所消耗的 0.04 mol/L 硫代硫酸钠溶液的体积(mL);V_2 为滴定样品 2 所消耗的 0.04 mol/L 硫代硫酸钠溶液的体积(mL);$M_{Na_2S_2O_3}$ 为标准硫代硫酸钠溶液的浓度(0.04 mol/L)。

【注意事项】

1. 肝匀浆必须新鲜，放久则失去氧化脂肪酸能力。
2. 碘量瓶的作用是防止碘液挥发，不能用锥形瓶代替。

【思考题】

说明三氯乙酸与正丁酸溶液的作用。

实验 *31*

大豆粗脂肪的提取和定量分析

【背景与目的】

索氏提取器通过有机溶剂挥发、冷凝及仪器中的虹吸，使待抽提物每次均由纯净溶剂提取，有机溶剂用量少而提取效率极高。有机溶剂和索氏提取器可以循环抽提样品中的脂溶性物质的混合物，例如用 80% 的甲醇循环抽提人参皂苷，用 65% 的乙醇循环抽提银杏叶黄酮等。大豆中含有脂肪、游离脂肪酸、固醇、芳香油、某些色素及有机酸等，这些混合物被称为粗脂肪。本实验利用石油醚和索氏提取器循环抽提大豆中的粗脂肪，掌握样品中脂溶性物质的提取方法。

【试剂与仪器】

1. 材料

各种油料作物，本实验以大豆为例。

2. 试剂

（1）石油醚　　　　　（2）$CaCl_2$

3. 仪器

（1）索氏提取器　　　（2）电子天平

（3）烧杯　　　　　　（4）烘箱

（5）真空干燥器　　　（6）恒温水浴锅

（7）脱脂滤纸　　　　（8）粉碎机

（9）镊子

【实验方法】

1. 样品处理

（1）粉碎：将大豆样品在粉碎机中制成豆粉。

（2）烘干与称重：将豆粉样品在110℃烘箱内烘干至恒重，冷却后称取5~6 g样品，记下样品质量 m_0。

（3）将豆粉样品用脱脂滤纸包好，并用白棉线扎紧。在滤纸包上用铅笔做好标记，不要用碳素笔和油笔。称量滤纸包的质量 m_1。

2. 提取

（1）索氏提取器的安装：将洗净的提取瓶在105℃的烘箱内烘干至恒重，加入用 $CaCl_2$ 干燥的石油醚至抽提瓶容积的1/2，将豆粉样品包置于提取管内，然后依照图1-24连接实验装置。

（2）提取过程

① 加热恒温水浴，使石油醚蒸发。石油醚蒸气由连接管上升至冷凝器，凝结成液体，滴入提取管中，样品内的脂肪被石油醚所抽提。

② 石油醚液面高于虹吸管高度后，溶有脂肪的石油醚经虹吸管流入提取瓶。

③ 循环抽提，调节水浴温度，控制石油醚从冷凝器滴入滤纸筒内的速度为150滴/min，使石油醚循环10~20次/min。

④ 从提取管内吸取少量石油醚滴在干净的滤纸上，石油醚蒸干后，滤纸上不留有油脂的斑点，说明抽提已经完毕。

⑤ 抽提完毕后，冷却，使提取器倾斜，石油醚流回提取瓶中。

⑥ 取出滤纸包，干燥至恒重，称其质量 m_2。

（3）利用旋转薄膜蒸发仪（图1-25）回收石油醚。使用旋转薄膜蒸发仪时应用硬橡胶管与真空泵连接，旋转薄膜蒸发仪的冷凝管与自来水管口相连。

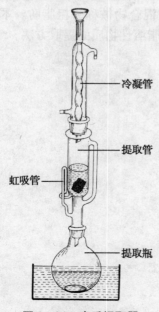

冷凝管

提取管

虹吸管

提取瓶

图1-24　索氏提取器

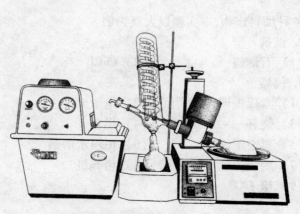

图1-25　旋转薄膜蒸发仪示意图

【实验结果】

称　量　项　目	数　值
大豆样品质量 m_0	
抽提前大豆样品和滤纸的质量 m_1	
抽提后大豆样品和滤纸的质量 m_2	

$$粗脂肪含量 = \frac{抽提前大豆样品和滤纸质量\ m_1 - 抽提后大豆样品和滤纸质量\ m_2}{所称大豆样品质量\ m_0} \times 100\%$$

计算结果(粗脂肪含量)

【注意事项】

1. 将滤纸筒放入索氏提取器的提取管内时,不能高于虹吸部分。
2. 提取管磨口连接部分不能涂凡士林,但不能漏气。
3. 加热抽提时,应在电热恒温水浴中进行,不能使用火焰加热的水浴锅。

【思考题】

1. 在提取过程中提取管连接部分漏气,对实验有什么影响?
2. 为什么称取样品及将样品置于提取管内时都要戴手套操作?

实验 *32*

维生素 C 含量的定量测定
——2,6-二氯酚靛酚法

【背景与目的】

维生素 C(又称抗坏血酸)属水溶性维生素,是人类营养中最重要的维生素之一,缺乏时人易患坏血病。1928 年,从牛的肾上腺皮质中提出结晶物质,证明其对治疗和预防坏血病有特殊的功效,因而称为抗坏血酸。维生素 C 也广泛存在于植物中,尤以蔬菜和水果中含量丰富。

维生素 C 有强的还原性,在中性和微酸性环境中它能将呈蓝色的染料 2,6-二氯酚靛酚还原成无色的还原型 2,6-二氯酚靛酚,同时自身被氧化成脱氢抗坏血酸。

氧化型的 2,6-二氯酚靛酚在酸性溶液中呈红色,在中性或碱性溶液中呈蓝色。所以,当用

2,6 - 二氯酚靛酚滴定含有抗坏血酸的酸性溶液时,在抗坏血酸全部被氧化后,再滴下的 2,6 - 二氯酚靛酚将立即使溶液呈淡红色,从而显示到达滴定终点。如无其他杂质干扰,样品提取液所还原的标准染料量与样品中所含的还原型抗坏血酸量成正比。

此法操作简便,但存在下列缺点:①生物组织中的脱氢抗坏血酸及结合抗坏血酸同样具有维生素 C 的生理作用,不能用此法测出。②生物材料提取液中含有的其他还原性物质,也可使 2,6 - 二氯酚靛酚还原脱色而引起误差。③提取液中常存在的色素类物质干扰滴定终点的观察。

由于提取液中其他还原性物质还原 2,6 - 二氯酚靛酚的速度较慢,故可将滴定过程控制在 2 min 之内,并判断终点以淡红色 15 ~ 30 s 内不消失为准。当提取液绿色素太多,严重干扰终点判断时,可先用白陶土或 Al(OH)$_3$ 乳液脱色。这些措施在一定程度上可减少测量误差。

通过本实验学习掌握定量测定维生素 C 的原理和方法,了解蔬菜、水果中维生素 C 含量情况。

【试剂与仪器】

1. 材料

白菜叶、苹果等新鲜蔬菜和水果。

2. 试剂

（1）10 g/L 草酸溶液　　　　　　　（2）20 g/L 草酸溶液

（3）0.1 mg/mL 标准维生素 C 溶液:准确称取维生素 C 20 mg,用 1% 草酸溶液定容至 200 mL。吸取此液 10 mL,以 1% 草酸溶液稀释定容至 200 mL。临用时配,冰箱中贮存。

（4）0.1 mg/mL 2,6 - 二氯酚靛酚溶液:称取干燥的 2,6 - 二氯酚靛酚 20 mg 至 200 mL 容量瓶中,加入蒸馏水 150 mL,滴加 0.01 mg/mL NaOH 溶液 4 ~ 5 滴,剧烈摇动 10 min,冷却后定容,摇匀后用滤纸过滤。放入棕色瓶中,贮存在冰箱中备用,有效期 1 周,使用前标定。

3. 仪器

（1）锥形瓶　　　　　　　　　　　（2）容量瓶

（3）离心管　　　　　　　　　　　（4）量筒

（5）移液管　　　　　　　　　　　（6）离心机

（7）研钵　　　　　　　　　　　　（8）碱式滴定管

【实验方法】

1. 样品提取

取 1 g 白菜叶,加 5 mL 2% 草酸溶液,于研钵中研磨成浆状,将提取液及残渣一起转移到离心管中,用 20 mL 2% 草酸溶液分 2 ~ 3 次冲洗研钵,洗液一并转入离心管中,在其中加入 6 mL Al(OH)$_3$ 乳液（可用适量白陶土代替）。摇匀并静置约 5 min,然后以 3 000 r/min 的转速离心 15 ~ 20 min,上清液转移到 50 mL 容量瓶中,用 2% 草酸溶液定容至刻度,摇匀备用。

2. 滴定

（1）标准液的滴定:准确吸取 0.005 mg/mL 标准维生素 C 溶液 10 mL,放入 50 mL 锥形瓶中,同时吸取 10 mL 1% 草酸溶液于另一个 50 mL 锥形瓶中作空白对照。用已标定的 2,6 - 二氯酚靛酚溶液滴定至粉红色出现,且 15 s 内不消失,记录所用体积数。计算每毫升 2,6 - 二氯酚靛酚溶液所能氧化的抗坏血酸的毫克数。

（2）样液的滴定：准确吸取样液两份，每份 10 mL，分别放入两个 50 mL 锥形瓶中，用标定过的 2,6 - 二氯酚靛酚溶液滴定，空白样滴定方法同前。

【实验结果】

$$每 100\ g\ 样品中抗坏血酸的量(mg) = \frac{(V_1 - V_2) \times k \times V \times 100}{V_3 \times W}$$

式中，V_1 为滴定样液所用染料体积（mL）；V_2 为滴定空白样所用染料体积（mL）；V_3 为样品测定时所用的滤液体积（mL）；V 为样品提取液稀释的总体积（mL）；k 为 1 mL 2,6 - 二氯酚靛酚溶液所能氧化的抗坏血酸的量（mg/mL），可由标定计算；W 为待测样品的质量（g）。

【注意事项】

1. 滴定过程宜迅速进行，一般不应超过 2 min，滴定所用染料应在 1～4 mL 之间，若滴定结果超出此范围，则必须增、减样品量或将提取液适当稀释。

2. 2% 草酸溶液可抑制抗坏血酸氧化酶，1% 草酸溶液则不能，偏磷酸也有同样功效。若样品中含有大量 Fe^{2+}，可用 8% 醋酸溶液提取。Fe^{2+} 能还原 2,6 - 二氯酚靛酚。

3. 如浆状物泡沫很多，可加数滴辛醇或丁醇。

4. 样品提取液应避免日光直射。

【思考题】

1. 为了准确测定维生素 C 含量，实验中应注意哪些操作步骤，为什么？

2. 本实验中主要有哪些干扰滴定的因素？如何排除？

实验 33

激素对血糖浓度的影响

【背景与目的】

糖是人体重要的供能物质，也是人体结构的重要组成成分之一。食物中的糖（淀粉、糖原、蔗糖和乳糖等）在肠道被消化为单糖，吸收后经门脉运到肝，然后以葡萄糖的形式经体循环运到各组织器官，被细胞摄取，经氧化分解供能或转化为其他物质。

糖代谢的中心问题之一是如何维持血糖来源与去路的动态平衡。血糖是指血液中各种单糖的总称,包括葡萄糖、半乳糖、果糖和甘露糖等,但主要是葡萄糖。维持正常的血糖浓度很重要,全身各组织细胞都需要从血液中获取葡萄糖,特别是脑组织、红细胞等几乎没有糖原贮存,必须随时由血液供给葡萄糖,以取得自身生存、代谢和功能所需要的能量。胰岛素和肾上腺素是调节血糖浓度的两种重要激素,前者使血糖降低,后者使血糖升高。正常人血糖含量在神经、体液调节下,维持在 4.4 ~ 6.7 mmol/L(80 ~ 120 mg/dL)。但在某些生理和病理情况下,可能升高或降低。

1. 血糖升高

生理性:进食后、精神紧张。

病理性:真性糖尿病、甲状腺、肾上腺皮质机能亢进等。

2. 血糖降低

生理性:饥饿、长期剧烈活动后、妊娠期呕吐。

病理性:胰腺癌初期、注射胰岛素过量、肾上腺皮质机能减退等。

本实验利用葡萄糖在热醋酸溶液中脱水生成 5 – 羟甲基 – 2 – 呋喃甲醛(或称羟甲基糠醛),它可再与邻甲苯胺缩合,生成蓝绿色的 Schiff 氏碱,然后经过分子重排,生成一组蓝绿色化合物。其在 630 nm 处有一吸收峰,吸光度大小与葡萄糖含量成正比。再与同样方法处理的葡萄糖标准液比较,即可算出待检样品中的葡萄糖含量。

本反应对葡萄糖测定的特异性较高,果糖、双糖和血液中其他还原性物质对本法几乎无干扰作用。但这个方法的缺点是邻甲苯胺极不稳定,不宜久放(久放后要蒸馏)。

通过本实验的学习,加深了解胰岛素、肾上腺素对人和动物的生理作用,掌握一种定量测定血糖浓度的方法。

【试剂与仪器】

1. 材料

家兔(实验前禁食 24 h)

2. 试剂

(1)25% 葡萄糖注射液

(2)二甲苯

(3)肾上腺素及胰岛素注射液

(4)邻甲苯胺试剂:称取硫脲 1.5 g,溶于 400 mL 无水乙酸中,继续加入邻甲苯胺 80 mL,混匀。再加饱和硼酸液(约 6%)40 mL,然后用无水乙酸稀释至 1 000 mL。充分混匀贮于棕色瓶中备用。

(5)饱和硼酸液:称取硼酸 6 g,溶于 100 mL 蒸馏水中,摇匀,放置一夜,取上清液备用。

(6)葡萄糖标准液

① 贮存液(1 mL ≈ 10.0 mg):称取干燥无水的葡萄糖(分析纯)1 g,溶于饱和苯甲酸(0.3%)液中,倒入 100 mL 容量瓶内,用饱和苯甲酸液稀释至刻度。

② 应用液(1 mL ≈ 1.0 mg):吸取贮存液 10 mL,置于 100 mL 容量瓶内,用 0.3% 苯甲酸液稀释至刻度,在冰箱中保存,此应用液可用一周(若当天用,可用蒸馏水稀释)。

3. 仪器

(1)试管及试管架　　　　　(2)移液管

(3)天平　　　　　　　　　(4)注射器及针头

（5）棉花 　　　　　　　（6）电炉

（7）离心机 　　　　　　（8）分光光度计

【实验方法】

1. 沿家兔耳缘剪去耳毛,以棉花蘸少许二甲苯涂擦,使血管扩张。沿耳缘静脉取血 2 mL 盛于离心管内、离心分离血清。

2. 两只家兔,一只皮下注射胰岛素(2 U/kg 体重),另一只注射肾上腺素(0.2~0.3 mg/kg 体重)。注射胰岛素 40 min、肾上腺素 20 min 后,沿耳缘静脉分别取血 2 mL 备用(方法同 I)。注意:如注射胰岛素后,家兔发生休克,应立即从耳缘静脉注射 25% 葡萄糖 10 mL。

3. 取试管 6 支,按下表操作。

试剂	注射肾上腺素		注射胰岛素		标准管	空白管
	前	后	前	后		
血清/mL	0.10	0.10	0.10	0.10	—	—
葡萄糖标准液/mL	—	—	—	—	0.10	—
蒸馏水/mL	—	—	—	—	—	0.10
邻甲苯胺试剂/mL	5.0	5.0	5.0	5.0	5.0	5.0
沸水浴中加热 8 min,冷却,波长 630 nm,30 min 内比色,空白管调零						
$A_{630\,nm}$						

【实验结果】

$$血糖浓度(mmol/L) = \frac{测定管吸光度}{标准管吸光度} \times 0.1 \times 100/(0.1 \times 0.056)$$

正常值为 4.4~6.7 mmol/L,供参考。

【注意事项】

1. 邻甲苯胺与葡萄糖的反应并非特异,其他糖在反应中也能产生与葡萄糖相似的吸收光谱。葡萄糖、果糖、甘露糖、半乳糖、蔗糖的相对吸光度比率分别是 1.0、0.06、0.96、1.42 和 0.16,但这些糖中只有葡萄糖、果糖和半乳糖存在于正常人血清中,而后两种在正常血清中的含量甚微,不影响测定结果。

2. 葡萄糖与邻甲苯胺的呈色强度与反应条件(邻甲苯胺和无水乙酸的批号、试剂配制后的保存时间以及加热的温度和时间)有关。因此,各管的反应条件必须完全一致。

3. 邻甲苯胺为略带浅黄色的油状液体,易被氧化。配制前宜重蒸馏,收集 199~210 ℃无色或浅黄色的馏出液。也可用下法处理已变为红色的邻甲苯胺:在 500 mL 邻甲苯胺中加入 0.5 g 盐酸羟胺,在 50~60 ℃水浴中放置 20 min 不时摇动,经此处理后红色可以变浅,避光保存。

【思考题】

1. 正常人的血糖为什么能维持在一定水平?

2. 测定血糖的临床意义是什么?

3. 从注射胰岛素和肾上腺素前后血糖含量的变化,分析这两种激素对血糖水平调节作用的机理。

实验 **34**

兔抗人抗血清的制备

【背景与目的】

　　大多数抗原是由大分子蛋白质组成,但只是抗原上有限的特殊分子结构能够与其相应的抗体结合,此部位称为抗原决定簇或表位。每一抗原决定簇可刺激机体产生一种特异性抗体。

　　抗原通常是由多个抗原决定簇组成的,刺激机体产生免疫应答后,相应地产生多种单克隆抗体,这些单克隆抗体混合在一起就是多克隆抗体。因此,利用抗原免疫动物时,所获得的含有多种单克隆抗体的免疫血清即为多克隆抗血清。

　　多克隆抗血清的制备大致分为以下几个步骤:抗原的制备、动物免疫、抗血清的收集和分离、抗血清抗体的检测。下面以兔抗人抗血清多克隆抗体的制备过程为例介绍多克隆抗体的制备过程。

　　通过本实验掌握抗血清制备的原理和方法。

【试剂与仪器】

　　1. 材料

　　健康家兔 3~5 只,体重 2.5~3.0 kg。

　　2. 试剂

　　(1) 正常人 A,B,O 混合血清

　　(2) 不完全福氏佐剂:羊毛脂与液体石蜡的体积比为 1.5∶1,混合后高温干热灭菌 0.5~1 h,备用。

　　(3) 医用卡介苗:加入 0.1 mL 医用注射用水后,封口膜封闭,于 56℃ 烘箱中灭活 30 min,备用。

　　(4) 人血清与完全福氏佐剂混合物的配制:在人血清中加入灭活卡介苗,使其终浓度为 0.4 mg/mL;含卡介苗的人血清与不完全佐剂在灭菌后的小玻璃瓶内等体积混合,置磁力搅拌器上充分乳化,使之成为乳白色黏稠油状物。取其混合物滴在水面上,如油滴浮在水面上不扩散,说明已经达到油包水状态,可用于免疫动物。

　　人血清与不完全福氏佐剂等体积混合后,按上述方法制备其混合物,用于动物免疫。

　　3. 仪器

　　(1) 注射器　　　　　　　(2) 家兔固定板

　　(3) 解剖用具　　　　　　(4) 磁力搅拌器

（5）离心管　　　　　（6）小型离心机

【实验方法】

1. 动物免疫

用完全福氏佐剂完全乳化的人血清 2 mL,在健康家兔四足脚掌皮下多点免疫;10 天后,与不完全福氏佐剂完全乳化的人血清 2 mL,背部多点皮下再次免疫;第二次免疫 10 天后,与不完全福氏佐剂完全乳化的人血清 2 mL,背部多点皮下注射,进行第三次免疫。

2. 抗血清的收集及抗体效价的检测

第三次免疫 10 天后,收集抗血清,双向免疫扩散法检测抗血清效价,方法见实验 35。效价高于 1∶32 后,颈动脉取血(如果抗血清效价低于 1∶32,继续免疫)。收集的血液置 4 ℃过夜,4 000 r/min 离心 10 min,取抗血清,分装,冷冻保存以备用。

【注意事项】

1. 家兔的健康状况是获得高效价抗血清的重要因素之一。
2. 抗原和佐剂混合后,乳化是否完全是另一重要因素。
3. 最好使用新鲜的人血清作为抗原。
4. 乳化后的抗原黏稠,故采用大号针头吸入注射器,注射时换成小号针头。
5. 取血过程中切忌摇动容器,否则会产生溶血,影响血清质量。

【思考题】

1. 哪些因素影响抗血清效价?
2. 完全和不完全福氏佐剂有什么区别?
3. 抗血清为什么需要冷冻保存? 而且不能反复冻融?

实验 *35*

双向免疫扩散实验

【背景与目的】

双向免疫扩散实验的理论基础是抗原 – 抗体反应,即免疫沉淀反应中的抗原和抗体在含有电解质的琼脂糖(或琼脂)凝胶中扩散相遇,在二者比例合适的地方,生成肉眼可见的线状沉淀物,即特异性抗原－抗体复合物。

　　琼脂糖凝胶含水量为 98%～99% 时,形成网状结构,允许相对分子质量 $20×10^3$ 以下的大分子物质自由扩散。因为大部分抗原、抗体的相对分子质量都在 $20×10^3$ 以下,所以在琼脂糖凝胶中基本上可以自由扩散。因不同抗原的化学结构、相对分子质量和带电情况不同,所以在琼脂糖凝胶中的扩散速度不同,因而将不同的抗原进行分离。彼此分离的抗原与它们相应的抗体在不同的部位结合,二者在比例适当的地方,因抗原－抗体复合物是不溶性的而从溶液中析出,变成肉眼可见的沉淀物,称为沉淀线。

　　通过本实验掌握双向免疫扩散实验的原理和方法,并利用该方法测定抗体滴度。

【试剂与仪器】

1. 材料

正常人血清、兔抗人抗血清(制备方法见实验 34)。

2. 试剂

(1) 9 g/L 的生理盐水

(2) 15 g/L 琼脂糖:1.5 g 琼脂糖用 100 mL 生理盐水溶解,使用前用微波炉(或电炉)加热融化。

3. 仪器

(1) 载玻片　　　　　　　　　　(2) 湿盒(医用带盖托盘,内置 4～8 层湿纱布)

(3) 饮料吸管(用于打孔)　　　　(4) 微量取样器

(5) 恒温箱

【实验方法】

1. 制板

取一清洁干燥的载玻片平放于台上,做好标记后(姓名、浓度等)将已经融化并冷却至一定温度的琼脂糖用小烧杯铺于载玻片上。琼脂糖铺板后应该均匀,不能凸凹不平。凝胶凝固后,按打孔模板(图 1－26)打孔备用(用饮料吸管打孔)。

图 1－26　双向免疫扩散打孔示意

2. 加入抗原

5 或 10 μL 正常人血清加入中央孔。

3. 加入抗血清

不同稀释倍数(如 2、4、8、16、32、64 倍)的兔抗人抗血清 5 或 10 μL 加入四周孔,置湿盒中 37 ℃ 过夜。

4. 抗体效价的判定

12～18 h 后观察、分析沉淀线出现情况。抗体效价为出现清晰沉淀线时兔抗人抗血清的最大稀释倍数。

【注意事项】

1. 铺板是本实验的关键。铺板后,琼脂糖凝胶应该均匀,不能凸凹不平。厚度 2～3 mm,过

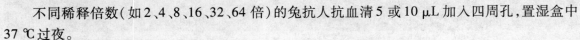

薄或过厚都会影响实验效果。

2. 琼脂糖凝胶铺板不成功后,该凝胶融化后可再反复使用 1~2 次。但过度反复融化会使水分蒸发,凝胶浓度升高。

【思考题】

1. 什么是抗原－抗体反应?该反应有哪些特点?
2. 利用双向免疫扩散实验如何确定抗血清的效价?

实验 *36*

间接酶联免疫吸附(**ELISA**)测定抗体效价

【背景与目的】

免疫标记技术是指用酶、荧光素、放射性同位素、发光剂等标记抗体或抗原后进行的抗原－抗体反应。这些技术具有高度特异、灵敏、快速、能够定量测定甚至定位测定、又易于观察结果等很多优点,所以现在应用广泛。免疫标记技术包括酶联免疫吸附试验(enzyme linked immunosorbent assay,ELISA)、免疫荧光技术(immunofluorescence technique)、放射免疫分析(radioimmunoassay)技术等。

ELISA 是在免疫酶技术的基础上发展起来的一种新型的免疫测定技术,其特点是利用酶标板吸附抗原或抗体,使其固相化,免疫反应和酶促反应均在其中进行。常用于标记的酶有辣根过氧化物酶和碱性磷酸酶等。

ELISA 将抗原－抗体反应的特异性与酶对底物高效催化作用结合起来,敏感度可达 ng 水平,既没有放射性污染又不需昂贵的测试仪器,所以较放射免疫分析法更易推广。ELISA 已经广泛应用于科研和医药的检测工作,为检测各种抗原或抗体提供了极大的方便。常用的 ELISA 检测方法如测定抗体的间接法、测定抗原的双抗体夹心法及测定抗原的竞争法。本实验采用间接法测定抗血清中的抗体滴度,其原理如下:

将一定量的已知抗原吸附在酶标板的凹孔内,加入待测抗体(如免疫抗血清),保温后洗涤未结合的杂质蛋白;加酶标抗抗体(酶标二抗)并保温,洗涤;加底物保温一定时间后,加酸或碱终止酶促反应,底物降解量等于抗体量,酶标仪测定抗体含量。间接 ELISA 原理如图 1－27。

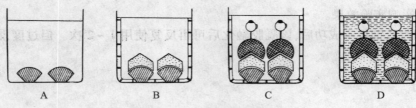

图 1 - 27　间接法测定抗体

A. 抗原吸附在固相载体表面(酶标板凹孔);B. 加抗体,形成抗原 - 抗体复合物;

C. 加酶标抗抗体;D. 加底物,底物降解量等于抗体量

本实验采用间接 ELISA 方法检测兔抗人抗血清的抗体滴度。通过本实验掌握 ELISA 实验原理、实验过程及酶标仪的使用方法。

【试剂与仪器】

1. 材料

正常人血清,正常兔血清,兔抗人抗血清(制备方法见实验 34),HRP - 山羊抗兔 IgG 二抗。

2. 试剂

(1) 包被缓冲液

0.05 mol/L,pH 9.6 的碳酸盐缓冲液(1 000 mL):

Na_2CO_3	1.6 g
$NaHCO_3$	2.9 g

加蒸馏水定容至 1 000 mL,并调至 pH 9.6。

(2) 洗涤缓冲液

PBS - T pH 7.4(1 000 mL)

NaCl	8.0 g
KCl	0.2 g
KH_2PO_4	0.2 g
$Na_2HPO_4 \cdot 12H_2O$	2.9 g
Tween 20	0.5 mL

加蒸馏水定容至 1 000 mL。

(3) 抗体稀释液:含 50 g/L 脱脂奶粉的 PBS - T 缓冲液。

(4) 底物显色液 A(50 mL,避光)

$Na_2HPO_4 \cdot 12H_2O$	18.4 g
过氧化脲	0.03 g

注:需要加热促进溶解。

(5) 底物显色液 B(50 mL,避光)

柠檬酸	0.515 g
TMB 母液	1 mL

TMB 母液:10 mgTMB + 1 mLDMSO。

TMB:四甲基联苯胺(3,3′,5,5′ - tetramethylbenzidine),辣根过氧化物酶的底物,经酶作用后产物显蓝色。

(6) 2 mol/L H_2SO_4:将98%浓硫酸稀释9倍即得2 mol/L H_2SO_4。

3. 仪器

酶标仪

【实验方法】

1. 包被

用包被液将正常人血清(抗原)稀释1 000倍。酶标板每孔加入稀释的正常人血清100 μL,置湿盒中4 ℃过夜。

2. 洗涤

取出酶标板,甩去酶标板小孔内液体,用洗涤液洗3次,每次5 min,每次洗后在滤纸上拍打,以排去多余的水分。

3. 封闭

封闭是继包被之后用高浓度的无关蛋白质溶液再包被的过程。抗原或抗体包被时所用的浓度较低,吸收后固相载体表面尚有未被占据的空隙;封闭就是让大量不相关的蛋白质充填这些空隙,从而排斥在ELISA其后的步骤中干扰物质的再吸附。

每孔加入100 μL封闭液,置湿盒中37 ℃保温1 h后,洗涤,方法同2。

4. 加一抗(兔抗人血清)

将兔抗人抗血清用抗体稀释液稀释不同倍数,如1、2、4、8、16万倍;同时设有空白对照孔和正常兔血清实验组,每样设3复孔。注:正常兔血清稀释倍数应该做预实验,其稀释倍数应为其 OD 值保持恒定的最低稀释倍数。

实验组每孔加入不同稀释倍数的兔抗人抗血清100 μL,空白对照组每孔加入100 μL抗体稀释液,稀释后的正常兔血清组每孔加入100 μL。置湿盒中37 ℃保温1 h后,洗涤,方法同2。

5. 加酶标二抗

用抗体稀释液将酶标二抗稀释一定的倍数,通常稀释为5 000~10 000倍。

在每孔加入稀释后的酶标二抗100 μL,置湿盒中37 ℃保温0.5~1 h后,洗涤,方法同2。

6. 显色

每孔加底物A和B各50 μL,置室温避光显色15 min左右。观察颜色的变化。

7. 终止

显色后,用2 mol/L H_2SO_4 溶液终止反应(溶液由蓝色转变为黄色)。

8. 测定

使用酶标仪,在双波长630 nm/450 nm进行测定,并对结果进行分析。

9. 结果的判定

实验孔 OD 值为正常血清孔 OD 值的两倍时,视该样品为阳性,其稀释倍数为抗体效价或滴度。

【注意事项】

1. 加样时避免气泡的产生。积聚在酶标板实验孔周围的气泡,会导致实验孔中液体不能与孔壁有效接触,使实验孔内反应不均一。加样时尽量靠近孔底(不要接触孔底),如用力均匀将避免气泡的产生;如加样过快过猛,会导致气泡的产生。

2. 洗涤特别关键,如果洗涤不彻底,特别在最后一次,会导致空白值升高。另外,如果血清标本内的非特异性 IgG 吸附在固相上而未被洗净,也将与酶标抗体作用而产生干扰。

3. 抗原、一抗、二抗等的稀释倍数可根据具体的实验情况进行改变。

【思考题】

1. 封闭的作用是什么?
2. 概述在实验过程中正常兔血清的使用意义。
3. 试分析有哪些因素导致实验的重复性差。

实验 *37*

Western blotting 方法检测抗体特异性

【背景与目的】

Western blotting 又称为免疫印记。首先是将目的蛋白质通过聚丙烯酰胺凝胶电泳(SDS - PAGE)进行分离;再通过转移电泳将凝胶上分离到的蛋白质转印至固相支持物(NC 膜或 PVDF 膜)上,用抗目的蛋白质的非标记抗体(一抗)与转印后膜上的目的蛋白质进行特异性结合,再与经辣根过氧化物酶标记的二抗结合;最后用 ECL 超敏发光液试剂或 AEC(3 - 氨基 - 9 - 乙基咔唑)为底物进行检测。如果转印膜上含有目的蛋白质,显色后,就会出现特异性蛋白条带。

本实验以纯化的健康人血清 γ 球蛋白为目的蛋白质,检测兔抗人抗血清中抗 γ 球蛋白抗体特异性。

【仪器与试剂】

1. 材料

(1) 健康人血清 　　　　　　　　(2) 纯化健康人血清 γ 球蛋白(分离纯化方法参见实验4)

(3) 正常兔血清 　　　　　　　　(4) 兔抗人抗血清(制备方法见实验34)

(5) HRP - 山羊抗兔 IgG 二抗 　　(6) PVDF 膜

2. 试剂

(1) SDS - PAGE 电泳所需试剂和器材参见实验11。

(2) 电转所需试剂

① 转移缓冲液:25 mmol/L Tris,192 mmol/L 甘氨酸,20% 甲醇,pH 8.3(1 000 mL)。

② 洗涤缓冲液（TBST）:150 mmol/L NaCl,10 mmol/L Tris,0.5g/L Tween,pH 7.5。

③ 封闭缓冲液（抗体稀释液）:30 g/L 脱脂奶粉（溶于 TBST 溶液中）。

④ 预染高相对分子质量蛋白质 Marker。

⑤ AEC(3 - 氨基 - 9 - 乙基咔唑)底物:20 mg AEC,二甲基甲酰胺 2.5 mL,0.05 mol/L 乙酸钠 50 mL,3% 双氧水 24 μL。配制方法为先将 AEC 溶于二甲基甲酰胺溶液中,待溶解后再加入乙酸钠。

⑥ 丽春红 S 染色液贮存液:丽春红 S 2 g,三氯乙酸 30 g,磺基水杨酸 30 g,加水至 100 mL。用一份上述贮存液加 9 份水即成丽春红 S 染色液,使用后应废弃。

3. 仪器

（1）电泳仪（600 V,恒流,恒压）　　　（2）电转移槽

（3）微量注射器

【实验方法】

1. SDS - PAGE 电泳

实验方法见实验 11,浓缩胶的含量为 5% ,分离胶的含量为 10% 。运行 SDS - PAGE 电泳的蛋白质样品（可根据实验的需要计算制备电泳凝胶的数量和蛋白质样品的上样数量）为:预染的标准相对分子质量 Marker、正常人血清、分离纯化的健康人血清 γ 球蛋白。

2. 转移蛋白质到 PVDF 膜上

（1）蛋白质 SDS - PAGE 电泳后,切出含待转移蛋白质的凝胶。

（2）剪 6 张同样大小的滤纸和 1 张 PVDF 膜（用前将其在甲醇溶液中浸泡 1 min）,将它们浸泡于转移缓冲液中。如果纸或膜比凝胶大,在转移过程中会形成短路,这将影响蛋白质的转移。

注意:当用手触摸胶、滤纸及纤维素膜时均应戴手套,因为皮肤上的油和分泌物会影响蛋白质从胶上转移到膜上。

（3）塑料支架平放在含有转移缓冲液的托盘中。

（4）在塑料支架上依次叠放浸湿的海绵、3 层滤纸、凝胶、3 层滤纸和海绵,使滤纸、凝胶和 PVDF 膜对齐,且各层之间无气泡存在。

（5）将塑料支架夹紧插入电转移槽中,PVDF 膜一侧接阳极,凝胶一侧接阴极。

（6）加转移缓冲液没过凝胶。

（7）100 V 电压 350 mA 转移 2 ~ 3 h。转移的时间可根据靶蛋白的大小来决定,蛋白质相对分子质量小所需时间短,反之所需时间较长。

（8）转移结束后,取出塑料支架,依次去掉各层,用铅笔在膜的上缘作好标记,转移后的凝胶作考马斯亮蓝染色来检查转移效果。

（9）将 PVDF 膜放在一张干净的滤纸上,室温下干燥 30 ~ 60 min。干燥可使蛋白质更牢固地结合在膜上,但是干燥也可能会导致蛋白质的进一步变性从而影响其免疫反应性（该步可做可不做）。

3. 染色

（1）丽春红 S 染色:把滤膜转移到含有丽春红 S 染液的托盘中染色 5 ~ 10 min,期间摇动染液。

（2）蛋白带出现后,室温下用去离子水漂洗硝酸纤维素滤膜,期间换水数次。

4. 杂交

（1）封闭：按 0.1 mL/cm² 的量加入封闭液,室温摇床 2 h 或 4 ℃过夜。

（2）加抗血清（一抗）：轻轻地转移掉封闭液,根据需要加入正常兔血清,或兔抗人抗血清。以 0.1 mL/cm² 的量加入第一抗体（多克隆按 1:100~1:5 000 进行稀释）,室温摇床 2 h（或 4 ℃过夜）,并回收抗体。注意:非特异性结合背景是温育时间和温度的函数,延长时间或提高温度都会引起背景升高。

（3）洗涤：在洗涤缓冲液中室温洗涤 3 次,每次 5 min。

（4）加酶标二抗：HRP - 山羊抗兔 IgG 二抗（稀释倍数为 1:5 000）,室温反应 2 h,回收抗体可再次使用。

（5）洗涤：在洗涤缓冲液中室温摇床 5 min,重复 3 次。

（6）显色：将膜浸入 AEC 底物溶液中至显色清楚为止。

（7）终止：用水冲洗以终止反应。

【思考题】

1. 简要概述 Western blotting 的实验原理。

2. 说明本实验中正常兔血清的使用意义。

3. 转膜时,为什么 PVDF 膜一侧接电转仪阳极,凝胶一侧接阴极?

第2篇

综合性实验

综合性实验是以研究性、综合性实验题目为切入点,将基础性实验(最基本、最代表学科特点的实验方法和技术)整合成由多种技术、多种实验手段、多层次实验内容构成的"由点连线"的教学板块。综合性实验的目的是为学生创设一种类似科学研究的情境和途径,包括查阅文献、设计实验方案、实施研究过程、按论文形式书写实验报告。为了便于开展研究性教学,综合性实验的教学管理模式及运行机制方面也进行了改革实践,以突出开放性教学为特色,延伸实验教学的时间与空间,由教师、实验技术人员、研究生组成实验指导教师队伍,开放实验室,为学生提供"自助餐"式选择性学习的实验条件,使学生将学到的知识向综合化及实践运用方面深入进行。为了激发学生学习的主动性、创造性,综合性实验的考核重视对学生学习过程和创新意识的评价,通过预习报告、实验操作、数据处理、实验总结报告等来观察学生对知识理解运用的程度、有无严谨的科学态度及良好的工作习惯等。

综合性实验受学生人数、实验条件等多方面因素的影响,可根据情况选择 1~2 个教学板块,集中一段时间进行;也可按常规组织教学活动。

本篇列举了我们在生物学国家理科基础科学研究和教学人才培养基地班(以下简称"基地班")中开设过的综合性实验教学板块,并列举几个综合性实验实践过程的教学案例供参考。

综合性实验 **1**

不同大豆品种质量分析

【实验内容】

1. 标准溶液的配制与标定
2. 凯式定氮法测定蛋白质的含量
3. 索氏提取法测定脂肪含量
4. 大豆氨基酸水解液的制备（选做）
5. 旋转薄膜蒸发仪回收有机溶剂（选做）
6. OPA 氨基酸衍生物及 FMOC – CL 柱前氨基酸衍生物的制备（知识拓展,选做）
7. HP1050 高效液相色谱仪测定大豆氨基酸的组成（知识拓展,选做）
8. Foss(rice)多功能饲料分析仪(消化仪及定氮仪)原理及操作(演示)

【背景与目的】

凯氏定氮法、索氏提取法都涉及多种实验技能,虽是经典的实验方法,但至今仍是饲料等农产品及食品中测定蛋白质及粗脂肪含量的国家标准方法。索氏提取法在中药有效成分分离方面也有广泛的应用。东北师范大学生命科学学院苗以农教授从事大豆育种的科学研究工作 40 余年,培育了许多性状优良的大豆品种。自 1999 年起,我们在几届基地班开设的第一个综合性实验题目即为"不同大豆品种质量分析",实验材料由苗以农教授课题组提供。

该实验为学生提供了综合运用生物化学、分析化学的知识和技能解决实际问题,实施研究性学习的情境和途径。学生按科学研究的方式和程序通过查阅《大豆科学》等刊物了解到,决定大豆品质的内在指标是蛋白质与脂肪的含量。在此基础上,从样品的前处理、标准溶液的配制与标定,到有机溶剂的回收等全部程序均由学生自主完成。教师的导学作用是确定本课题学生应该掌握的实验理论,实验技能,实验仪器的性能、使用方法以及对实验结果的处理要求等。在按论文形式撰写实验报告前,以实践＋反思的方式组织学生研讨。通过这个实验课题,学生不仅学到了凯氏定氮法测定蛋白质含量,索氏提取法测定脂肪含量,酸水解经衍生化后用高压液相层析法测定氨基酸组成的原理与技术,还掌握了样品脱水干燥、真空干燥器及循环水式真空泵、旋转薄膜蒸发仪等仪器的使用、标准溶液的配制和标定等一系列的实验技能,更重要的是经历了科学研究的思维方法、工作方法的全面训练。

【教学设计与安排】

1. 教学准备（1 周）

（1）讲座：优良大豆品种选育的研究进展（1 学时）。

（2）大豆样品前处理：粉碎、过筛、烘至恒重、真空干燥器贮存（学生分组准备）。

（3）了解国内大豆品质分析的研究概况：查阅《大豆科学》、《植物生理学报》、《吉林农业与科技》等文献（全体学生）。

（4）书写预习报告或设计实验方案：讨论①决定大豆品质的评价指标及方法；②凯式定氮仪的原理、操作及在食品分析中的应用；③交流实验方案，怎样减少误差及有效数字的确定等（2学时）（全体学生）。

（5）实验操作（学生掌握了操作方法后，可自主安排时间，进行实验研究工作）：①实验室开放时间：约两周，每日 12：30—21：00，双休日全天。参加教学实习的研究生协助管理。②实验分组：2 人一组，每组 2 个样品，平行 5 组，总计分析 6 个大豆样品。

2. 教学过程

（1）凯式定氮仪及索式提取器的安装、标准溶液及试剂的配制和标定。

（2）大豆样品的消化（60 ℃水浴，24 h），转入电炉消化 2 h，用索式提取法抽提大豆油脂（石油醚浸泡 8 h）后回流提取 24 h。

（3）凯式定氮仪的操作训练：以标准硫酸铵（0.3 mg/mL）溶液为样品，计算回收率，分析误差产生的原因，规范操作技能，提高实验精确度（2、3 步同步进行）。

（4）大豆粗蛋白质及粗脂肪含量测定。

（5）大豆氨基酸水解液的制备（部分学生选做）：6 mol/L 盐酸水解样品，封管，110 ℃水解24 h，水解液中和、过滤、蒸干。

（6）氨基酸衍生物的制备及 HPLC 分析（部分学生选做）。

（7）Foss 饲料分析仪的工作原理（演示）。

3. 讨论

（1）实验过程中遇到的问题及解决办法

（2）科学研究论文的书写格式

（3）实验结果处理

（4）按论文形式撰写实验报告（课后两周时间）

【考核评价方式】

（1）学习过程评价：检查预习报告、实验记录。

（2）成果评价：按论文形式撰写实验报告。

（3）实验技能：数据处理能力、分析化学基本技能、独立工作能力（选做实验情况）等。

综合性实验 *2*

血清清蛋白与 γ 球蛋白的分离与鉴定

【实验内容】

1. 盐析法制备 γ 球蛋白与清蛋白
2. 球蛋白与清蛋白的脱盐——透析与浓缩
3. 血清 γ 球蛋白(抗体)的制备——离子交换层析法
4. 血清 γ 球蛋白的鉴定——醋酸纤维素薄膜电泳法
5. 血清 γ 球蛋白的定量——双缩脲法
6. SDS－PAGE 测定 γ 球蛋白的相对分子质量

【背景与目的】

　　无论现代生物技术怎样快速发展,从生物材料中分离纯化某种蛋白质,并选择相应的方法对分离的蛋白质进行鉴定,这些经典的生物化学方法教育对学生始终是不可或缺的。蛋白质的性质实验,如卵清蛋白的盐析、透析、双缩脲反应、血清蛋白醋酸纤维素薄膜电泳等是学生必须掌握的基础实验知识,本实验以"血清清蛋白与 γ 球蛋白的分离与鉴定"为题把上述知识由点连线,它与以前实验教学思路的区别是,学生不仅要学到这些知识,而且要学会如何运用这些知识解决实际问题。

【教学设计与安排】

　　1. 教学准备(1 周)
　　(1) 预习实验指导书,撰写简要预习报告。
　　(2) 课前讨论(30 min)。
　　2. 教学过程
　　(1) 用盐析法分离血清清蛋白与 γ 球蛋白。
　　(2) 学会利用硫酸铵饱和度常用表。
　　(3) 介绍离心机常用知识。
　　(4) 透析除盐:①介绍透析袋相关知识;②介绍分子筛层析除盐原理;③用 $BaCl_2$ 及双缩脲法测定透析效果。
　　(5) 浓缩蛋白透析液:①用蔗糖包埋含蛋白质的透析袋;②介绍聚乙二醇等脱水剂。
　　(6) 电泳:①学习电泳原理;②电泳样品:人血清样品、学生分离制备的清蛋白及 γ 球蛋白。

（7）血清 γ 球蛋白或清蛋白的定量：①学习比色分析原理及分光光度计操作；②用双缩脲法对制备的蛋白质定量（用实验室已有的酶蛋白标准曲线作对照）（部分学生选做）；③测定 γ 球蛋白或清蛋白占人血清蛋白的比例（部分学生选做）。

（8）离子交换层析纯化血清 γ 球蛋白（抗体）。

（9）SDS – PAGE 测定 γ 球蛋白的相对分子质量。

（10）学生按论文形式撰写实验报告（课后两周时间）。

【考核评价方式】

（1）学习过程评价：检查预习报告、实验记录。

（2）成果评价：按论文形式撰写实验报告。

综合性实验 3

聚丙烯酰胺凝胶电泳分离血清蛋白及乳酸脱氢酶同工酶

【实验内容】

1. 聚丙烯酰胺凝胶电泳分离血清蛋白
2. 聚丙烯酰胺凝胶电泳分离血清乳酸脱氢酶同工酶
3. 聚丙烯酰胺凝胶电泳分离血清酯酶同工酶
4. 聚丙烯酰胺凝胶电泳分离血清过氧化物同工酶
5. 介绍对电泳结果处理的相关技术（知识拓展：凝胶干燥技术、凝胶扫描技术、凝胶成像技术、凝胶印渍转移技术）

【背景与目的】

电泳技术是生命科学各领域广泛使用的实验技术。本实验使学生掌握 PAGE 不连续系统分离血清蛋白的原理及技术，掌握酶活性染色法鉴定乳酸脱氢酶同工酶、酯酶同工酶、过氧化物同工酶的方法。在不需要额外增加实验设备及时间的情况下，这种组合方式可拓宽学生对电泳技术在生命科学的研究和应用范围的了解，也便于学生掌握酶活性染色法的优点（对样品纯度要求不高，分辨力强，简便快速）及在科研和临床检验中的意义。

【教学设计与安排】

1. 教学准备(1 周)

(1) 学生上网或查阅文献了解电泳技术在生命科学研究中的概况。

(2) 课前讨论 1 h。

(3) 重点讲授 PAGE 不连续系统的 3 种效应。

2. 教学过程

(1) 采用垂直管电泳系统使每个学生具有实验操作机会。

(2) 混胶制分离胶和浓缩胶,安装电泳装置(约 2 h)。

(3) 电泳,时间约 2 h,最好安排在午饭或晚饭期间进行。

(4) 剥胶染色,4 人一组,一管进行血清蛋白染色,其余 3 管可进行乳酸脱氢酶同工酶酶活染色、酯酶同工酶酶活染色、过氧化物同工酶酶活染色。

(5) 观察显色结果,讨论显色原理。

【考核评价方式】

(1) 学习过程评价:检查预习报告、实验记录。

(2) 成果评价:按论文形式撰写实验报告。

综合性实验 4

丙氨酸氨基转移酶的鉴定与活力单位的测定

【实验内容】

1. 纸层析法对肝匀浆丙氨酸氨基转移酶(ALT)活性的鉴定

2. 待测血清样品的制备方法及注意事项

3. 血清 ALT 活力单位的鉴定——2、4 – 二硝基苯肼法

4. 酶联法检测人血清 ALT 的活性(知识拓展)

5. CCl_4 肝损伤模型的建立及 ALT 活性测定在保肝药物筛选中的应用(知识拓展)

6. 氨基转移酶在机体代谢中的重要作用及其在临床诊断应用的意义

【背景与目的】

丙氨酸氨基转移酶(ALT)有重要的生理意义及临床应用价值。本实验用纸层析法可以观测到氨基转移酶催化下,转氨作用的发生;掌握 2、4 - 二硝基苯肼法测定血清 ALT 活力单位的方法、原理及临床意义。ALT 是学生等人群健康普查肝功能的重要指标之一,临床上应用生化分析仪如何实现人血清 ALT 的自动化检测,通过介绍 ALT 活性检测在保肝类药物筛选中的研究思路及研究方法,使学生了解所学知识在科学研究及社会生活中的应用价值。

【教学设计与安排】

1. 教学准备(1 周)

(1) 预习实验指导书,撰写简要预习报告。

(2) 以 ALT 为关键词,上网浏览相关信息。

(3) 课前讨论 1 h。

2. 教学过程

(1) 提取制备肝匀浆谷丙转氨酶(2 人一组)。

(2) 用纸层析法观测氨基转移酶作用的发生,该实验简便、直观,学生可直接感受到在肝 ALT 作用下,丙酮酸变成了丙氨酸。

(3) 学习制备兔血清的方法(部分学生)。

(4) 在层析过程中,利用 2、4 - 二硝基苯肼法制备丙酮酸标准曲线:①注意规范学生分析化学操作技术(如移液管、分光光度计的使用等);②进一步学习运用计算机软件处理数据;③绘制标准曲线。

(5) 平行取 3 份血清样品,用 2、4 - 二硝基苯肼法检测 ALT 活力单位。

(6) ALT 是学生等人群健康普查的主要指标,让学生了解临床上应用生化分析仪(酶联法)测定人血清 ALT 的原理(部分学生选做)。

(7) 了解 ALT 测定在药物筛选中的研究思路,介绍多糖生化研究室利用 ALT 测定以筛选保肝中药,如云芝多糖、红缘层孔菌多糖等保肝作用的研究思路:如怎样制作 CCl_4 致小鼠肝损伤模型;动物实验的分组,正常对照组及 CCl_4 损伤对照组设置的意义;动物实验基本技术如灌胃、腹腔注射、摘眼球取血、血清的分离等(演示)。

(8) 对实验结果的统计处理、该多糖类药物对小鼠肝脏有无保护作用的讨论。

(9) 讨论总结。

(10) 学生撰写实验报告。

【考核评价方式】

学生预习情况、实验记录、操作能力、实验报告等。

综合性实验 5

核酸的提取与定量

【实验内容】

教学板块1 DNA 的提取与定量

1. 肝 DNA 的提取
2. 定磷法测定 DNA 含量
3. 二苯胺法测定 DNA 含量
4. 紫外吸收法测定 DNA 含量
5. 琼脂糖凝胶电泳鉴定 DNA

教学板块2 酵母 RNA 的提取与定量

1. 酵母 RNA 的提取
2. 二苯胺法检测有无 RNA
3. 定磷法测定 RNA 含量
4. 苔黑酚法测定 RNA 含量
5. 紫外吸收法测定 RNA 含量

【背景与目的】

核酸的提取与定量及 DNA 的琼脂糖凝胶电泳等技术在生命科学研究中得到广泛的应用。DNA 与 RNA 的制备,定磷法、紫外吸收法、苔黑酚法、二苯胺法定量检测 RNA 或 DNA 是学生应该掌握的核心概念和核心技能之一。可选取其中的一个教学板块,选择 DNA 或 RNA 含量丰富的材料,或与分子生物学实验相结合,制备核酸,并进行定量与定性分析与检测。

【教学设计与安排】

1. 教学准备(1 周)
(1) 预习实验指导书,撰写简要预习报告。
(2) 查阅核酸制备及检测的相关研究信息(例如琼脂糖凝胶电泳在 DNA 分离及鉴定中的应用)。
(3) 课前讨论 0.5 ~ 1 h。
2. 教学过程
(1) 提取制备核酸(2 人一组)。

（2）选择定磷法，制标准曲线，测定核酸的含量。

（3）用紫外吸收法测定核酸的含量。

（4）用二苯胺法和苔黑酚法定性检测 DNA 和 RNA。

（5）琼脂糖凝胶电泳鉴定 DNA。

（6）讨论总结。

（7）学生撰写实验报告。

【考核评价方式】

学生预习情况、实验记录、操作能力、实验报告等。

综合性实验 *6*

脲酶的制备及酶学性质研究

【实验内容】

1. 以新鲜豆粉为原料制备脲酶

2. Folin－酚法测定脲酶提取液蛋白质的含量

3. 奈氏试剂测定脲酶的活力单位并计算比活力

4. 脲酶 K_m 测定

5. 温度对酶活性的影响

6. pH 对酶活性的影响

7. 抑制剂对酶活性的影响

【背景与目的】

　　酶的分离纯化、酶活力及比活力的测定、酶的动力学研究是酶学研究的基本方法。脲酶的粗制备方法比较简单，通过该教学板块中脲酶比活力的测定、K_m 的测定、影响酶活性因素的研究，学生可以了解酶研究的基本思路和方法。

【教学设计与安排】

1. 教学准备（1 周）

（1）预习实验指导书，撰写简要预习报告。

（2）查阅相关信息。

（3）课前讨论0.5～1 h。

2. 教学过程

（1）提取制备脲酶（2人一组）。

（2）Folin – 酚法测定脲酶提取液蛋白质的含量（全体学生）。

（3）奈氏试剂测定脲酶的活力单位并计算比活力（全体学生）。

（4）脲酶 K_m 测定（全体学生）。

（5）设计温度、pH、抑制剂对脲酶活性影响的实验方案并进行定性检测。

（6）讨论总结。

（7）学生撰写实验报告。

【考核评价方式】

学生预习情况、实验记录、操作能力、实验报告等。

综合性实验 7

兔抗人抗血清的制备及鉴定

【实验内容】

1. 人抗血清的制备
2. 免疫扩散测定抗体滴度
3. 电泳测定抗体
4. 酶联免疫吸附（ELISA）测定抗体特异性
5. Western blotting 法测定抗体特异性

【背景与目的】

免疫化学技术在生物化学与分子生物学研究、临床疾病的诊断、新药的开发等生命科学的许多领域有着广泛的应用。抗原 – 抗体的相互作用是免疫化学技术的基础，酶联免疫吸附（ELISA）和免疫印迹（Western blotting）是近年来科研和临床上常用的免疫检测技术，它们可以准确地检测样品中是否存在目的蛋白质。通过本教学板块使学生对免疫化学技术的原理和应用有进一步的了解。

【教学设计与安排】

1. 教学准备(1 周)

(1) 预习实验指导书。

(2) 查阅相关资料及信息。

(3) 课前讨论 0.5 ~ 1 h。

2. 教学过程

(1) 部分学生利用课外科技活动时间,免疫家兔,免疫 4 次,待抗血清效价符合要求时处死动物,抗血清分装,冻干,长期保存。通过演示使全体学生了解抗血清的制备过程。

(2) 利用免疫双向扩散测定抗体滴度(全体学生)。

(3) 利用 ELISA 测定抗体特异性(全体学生)。

(4) 利用 Western blotting 测定抗血清特异性(全体学生)。

(5) 讨论总结。

(6) 学生撰写实验报告。

【考核评价方式】

学生预习情况、实验记录、操作能力、实验报告等。

第3篇

研究性实验

在基础性、综合性实验基础上设置研究性实验,可进一步培养学生的科研素质和解决实际问题的能力。综合性实验是以基础性实验为核心整合成的教学板块,实验结果一般均有较确切的答案。而研究性实验无论是实验过程还是实验结果均会遇到比较复杂的情况,因此研究性实验选题要充分考虑其可操作性,选题最好和单位的科研相结合,借鉴科研较成熟的方法与技术,依靠科研的实验平台,依靠研究生协助指导实验以扩大指导教师队伍。本科教学中设置研究性实验的主要目的还是对学生进行科学思维方法的训练,考虑时间等因素的限制,将科研的实践和科研的模拟有机结合,可能会收到事半功倍的效果。

研究性实验案例

中草药中糖类物质的分离与测定

【实验内容】

1. 正交法优化多糖的提取工艺(全体学生)
2. 单寡糖与多糖样品的制备(全体学生)
3. 单寡糖与多糖的含量测定(苯酚－硫酸法)(全体学生)
4. 多糖的单糖组成分析(薄层层析分析法)(全体学生)
5. 多糖中糖醛酸的定性定量检测(全体学生)
6. 气相色谱法分析多糖的组成(选做)
7. 多糖的紫外光谱和红外光谱分析(选做)
8. 多糖 $\lg M_r$ － 洗脱体积 V_e 标准曲线的测定(Sepharose CL－6B 柱层析)(选做)
9. 多糖相对分子质量分布分析(Sepharose CL－6B 柱层析)(全体学生)

知识拓展:1. 多糖结构研究的基本策略
　　　　　2. 多糖生物活性的研究进展

为拓展学生多糖研究的思路,学生可以保留制备的多糖样品,通过课外科技活动或毕业论文继续从事该多糖的结构分析或生物活性研究工作。

【背景与目的】

糖类物质不仅是生命活动的能源物质,构建生命体的结构材料,同蛋白质、核酸一样,糖类也是重要的生物信息分子,它参与几乎所有的生命过程。糖类化合物是中药的重要成分,糖生物学研究对揭示生命的本质、实现中药现代化、深入开发中药资源也有着重要的指导意义。目前,多糖及糖复合物的基础和应用研究已成为生命科学领域备受关注的热门领域之一,也是东北师范大学生物学的特色研究方向之一。东北师范大学糖生物化学研究室从事真菌及植物多糖研究近30年,该实验内容均是移自科研成熟的方法和技术。作为糖类研究的材料非常广泛易得,研究内容可深可浅,对实验条件的要求可高可低。通过这个实验,学生可以了解糖类物质分离提取、理化性质及生物学特性检测的研究思路,采用的研究方法及技术手段。该教学板块还可以和毕业论文或课外科技活动相结合。《大黄多糖的分离与鉴定》、《灵芝孢子粉多糖的分离与鉴定》都是本科生将生物化学实验与课外科技活动相结合发表的论文。

【教学设计与安排】

1. 教学准备(1 周)

(1) 教师介绍国内外糖类物质的研究现状;学生查阅文献进一步了解相关领域的研究概况。

(2) 在教师指导下,学生可自主选择实验材料。

(3) 学生预习实验教材,课前围绕选材目的、研究背景、实验流程等讨论约 2 h。

(4) 进行样品前处理——粉碎,过筛,烘至恒重,真空干燥器贮存(2 人一组)。

2. 教学过程(历时约 3 周,学生可以自主安排实验时间。

实验室开放时间:每日 12:30—21:30,双休日全天。参加教学实习的研究生协助管理。

3. 建议

(1) 一个研究性实验,有一些工作是重复性的,例如实验内容 8 中标准曲线的测定要加 5 个已知相对分子质量的标准糖样,历时 7 ~ 10 天。可以采取每组学生只做一个样品,5 组合作完成标准曲线的制作。

(2) 综合性、研究性实验常由多层次实验内容构成,指导学生合理安排工作程序,将那些耗时长的实验和其他实验组合进行。

(3) 拓展性实验可以演示为主。例如制备多糖,多数学生可以采取设备简便的水煮醇析、常规脱水、真空干燥的方法;但也要通过部分学生的演示,了解冰冻干燥的原理、优点和操作方法。

4. 讨论

(1) 实验过程中遇到的问题及解决办法。

(2) 所选中草药材料的背景资料及研究概况。

(3) 按论文形式撰写实验报告(课后两周时间)。

【考核评价方式】

1. 学习过程评价:检查预习报告、实验记录。

2. 成果评价:按论文形式撰写实验报告。

3. 实验技能:对实验技术的掌握、实验数据的处理、独立工作能力(选做实验情况)等。

第4篇

中学相关生物学实验指导（生物化学篇）

本篇内容主要包括：总结本学科在《全日制义务教育生物课程标准》（以下简称《初中课标》）和《普通高中生物课程标准》（以下简称《高中课标》）中的相关实验内容，并就实验的设计、操作、改进等方面提出指导性的建议以及对实验中常见的问题进行解析与指导。

一、中学生物课程标准中的生物化学实验内容概述

《初中课标》中涉及的实验内容包括:①通过收集食物营养成分的资料,制定合理的膳食计划,并能设计一份营养合理的食谱。②通过探究不同食物的热价,初步了解生命体中的能量来自于细胞中有机物的氧化分解。

《高中课标》必修部分中涉及的实验内容包括:①通过检测生物组织中的还原糖、脂肪和蛋白质,了解细胞的主要化学组成成分。②通过测定酶活性以及影响酶活性的因素,了解酶在代谢中的作用以及内环境的相对稳定对酶活性的重要性。

《高中课标》选修部分中涉及的实验内容包括:①研究酶的存在和简单制备方法。②尝试酶活力测定的一般原理和方法(活动建议:探究利用苹果匀浆制成果汁的最佳条件,检测果胶酶的活性,观察果胶酶对果汁形成的作用,收集果胶酶其他方面利用的资料)。③探讨酶在食品制造和洗涤等方面的应用(活动建议:研究并试验将有油渍、汗渍、血渍的衣物洗净的办法。尝试测定脂肪酶、蛋白酶的洗涤效果。用实验找出在什么条件下使用加酶洗衣粉效果最好)。④研究从生物材料中提取某些特定成分[活动建议:设计一种简单装置,从芳香植物材料(如橘皮、玫瑰花、薄荷叶等)中提取芳香油]。⑤尝试蛋白质的提取和分离(活动建议:以动物血清为材料,提取其中的乳糖脱氢酶并分离其同工酶)。⑥DNA 的粗提取和鉴定等。

遵循《初中课标》、《高中课标》的基本要求,人教版教科书中采用并设计了如下实验案例:

实验一　测定某种食物中的能量(七年级下册,P23)

实验二　比较不同蔬菜或水果中维生素 C 的含量(七年级下册,P26)

实验三　馒头在口腔中的变化(七年级下册,P30)

实验四　检测生物组织中的糖类、脂肪和蛋白质(高中生物必修1,P18)

实验五　比较过氧化氢在不同条件下的分解(高中生物必修1,P78)

实验六　影响酶活性的条件(高中生物必修1,P83)

实验七　生物体维持 pH 稳定的机制(高中生物必修3,P9)

实验八　果胶酶在果汁生产中的作用(高中生物选修1,P42)

实验九　探讨加酶洗衣粉的洗衣效果(高中生物选修1,P46)

实验十　DNA 的粗提取与鉴定(高中生物选修1,P54)

实验十一　血红蛋白的提取和分离(高中生物选修1,P64)

实验十二　植物芳香油的提取(高中生物选修1,P72)

实验十三　胡萝卜素的提取(高中生物选修1,P77)

二、中学生物化学实验指导与设计分析

归纳起来,中学生物化学实验就是要求学生初步掌握和了解组成生命体的四种生物大分子,即蛋白质(酶)、核酸、糖类、脂类的分离提取和鉴定的一般方法,并通过对酶活力的测定及对酶应用的初步实践,加深对生物大分子重要功能的理解。

在中学阶段,学生实验结果的精度要求不高,实验设计的主体思路还是立足于培养学生对生命科学研究的兴趣以及培养学生进行科学探究活动的基本技能等方面。人教版教科书中所采用的实验绝大多数都是定性实验,具有方法简便易行,取材方便,易于操作,结果直观等显著优点,很好地贯彻了课标中对生物课程的性质、基本理念和设计思路的阐述。但教师在授课之中,不能

仅仅将实验要求停留在定性的标准上,还要对实验条件的进一步优化、实验方法和手段的改进、实验操作的规范以及实验设计的拓展等方面给予学生更多的引导和启发。例如:

(1) 在"测定某种食物中的能量"的实验中,可引入实验误差和有效数字的概念,可启发学生使用橡胶塞打孔后将温度计固定在水层中,既可避免温度计直接接触锥形瓶底部,亦可减少热量散失;

(2) 在"比较不同蔬菜或水果中维生素 C 的含量"的实验中,可让学生自主选择实验材料,并可采用定量的分析方法使实验结果更加准确;

(3) 在"馒头在口腔中的变化"的实验中,可考虑加入温度及酸碱度对唾液淀粉酶活性的影响;

(4) 在"检测生物组织中的糖类、脂肪和蛋白质"的实验中,实验材料选择、实验方法选择及生物大分子的前处理等方面亦可有较多的拓展;

(5) 在"比较过氧化氢在不同条件下的分解"的实验中,可适量引入生物学实验室安全的基本常识;

(6) 在"影响酶活性的条件"的实验中,应增加配制不同 pH 缓冲溶液以探讨环境 pH 对酶活性的影响的内容;

(7) 在"生物体维持 pH 稳定的机制"的实验中,可考虑使用人血浆来验证人体缓冲体系对酸碱物质的缓冲作用;

(8) 在"果胶酶在果汁生产中的作用"及"探讨加酶洗衣粉的洗衣效果"的实验中,可引入使用正交法设计多因素实验的拓展内容;

(9) 在"DNA 的粗提取与鉴定"的实验中,可考虑增加多糖及 RNA 的粗提取与鉴定的内容;

(10) 在"血红蛋白的提取和分离"的实验中,可考虑使用盐析法来提取和分离血红蛋白,另外在凝胶层析的实验中,可使用重铬酸钾和蓝色葡聚糖作为样品,以使学生得到更为直观的实验结果和体验;

(11) 在"植物芳香油的提取"的实验中,可考虑增加芳香油精制的实验拓展内容;

(12) 在"胡萝卜素的提取"的实验中,可考虑采用效果更佳的氧化铝层析法进行分离提取等。

本篇将结合上述的每一个具体实验案例,从现有实验的局限性、实验背景知识的补充、实验设计的拓展、实验注意事项以及实验中常见问题的解析等几个方面进行详细阐述,具体内容请见本书配套的数字课程网站。

三、中学生物学综合性、研究性实验立项及设计思路

中学生物学综合性、研究性实验立项及总体设计思路是从解决一个具体的科学问题入手,培养学生通过综合运用多种手段和方法提出、分析和解决问题,特别是创造性地解决问题的能力,最终达到拓展学生的思路,培养学生的研究能力、实践能力和创新能力的目的。

对于生物化学实验研究而言,由于所需的仪器设备较多,因此在中学开展较高水平的科学研究可操作性较差。但教师可以指导学生结合生活实际,开展一些切实可行的综合性、研究性实验。

例如,初中可以开展"比较不同蔬菜或水果维生素 C 含量"的拓展实验。此实验对教科书中原有实验进行的拓展主要体现在:①可采用2,6－二氯酚靛酚法对维生素 C 含量进行定量测定,

使实验结果更为准确(可参考本书的实验 32);②学生可以自主选择实验材料;③可检测并比较同一蔬菜或水果不同部位的维生素 C 含量;④可检测并比较不同食物加工方法(如焯、炒、爆、炸、烧、煮等)对维生素 C 摄入量的影响等。

　　高中综合性实验的设计思路为:按照内在的联系,整合教科书中已有的实验。例如,以知识体系为基础,整合高中生物必修 1 和 3 中的"比较过氧化氢在不同条件下的分解"、"影响酶活性的条件"、"生物体维持 pH 稳定的机制"等实验,系统研究温度、pH(含缓冲液配制及缓冲能力测试)、激活剂、抑制剂、底物专一性等因素对酶活性的影响(可参考本书的实验 13);整合并拓展高中生物选修 1 中的"DNA 的粗提取与鉴定"、"血红蛋白的提取和分离"、"植物芳香油的提取"、"胡萝卜素的提取"等实验,系统研究生物材料中核酸(DNA 和 RNA)、蛋白质、多糖、脂类的分离提取与鉴定的一般方法(可参考本书的实验 20 ~ 实验 31)。又如,以实验材料为基础,整合高中生物选修 1 中的"DNA 的粗提取与鉴定"和"血红蛋白的提取和分离",两个实验都以新鲜鸡血作为实验材料,可同时进行不同生物大分子的分离提取。除此之外,教师也可选择本书的实验作为综合性实验,如"丙氨酸氨基转移酶活性的鉴定及活力单位测定"(可参考本书的实验 17 ~ 实验 19)。

　　高中研究性实验的设计思路为:培养学生综合运用已学的生物化学实验技术解决一个具体问题的能力。研究题目可以考虑选择"常见农作物的品质分析"、"市售奶制品的品质分析"、"同一类型保健品的质量分析"等。学生可以运用已学的生物化学实验技术,通过测定几个关键指标,对实验对象进行初步的质量评价。总之,教师可根据实际的教学条件,灵活组合,有所取舍和侧重地组织教学,其根本的目的就是使学生能够得到比较系统和相对完整的科学研究的初步体验。此部分的教学案例详见本书配套数字课程网站。

参考文献

［1］ 张丽萍,杨建雄. 生物化学简明教程. 4 版. 北京:高等教育出版社,2009.

［2］ 汪晓峰,杨志敏,等. 高级生物化学实验. 北京:高等教育出版社,2010.

［3］ 张龙翔,等. 生化实验方法与技术. 北京:高等教育出版社,2001.

［4］ 李元宗,等. 生化分析. 北京:高等教育出版社,2003.

［5］ 赵亚华. 生物化学实验技术教程. 广州:华南理工大学出版社,2002.

［6］ 吴士良,钱晖,等. 生物化学与分子生物学实验教程. 北京:科学出版社,2004.

［7］ 陈钧辉,等. 生物化学实验. 3 版. 北京:科学出版社,2002.

［8］ 赵亚华. 生物化学与分子生物学实验技术教程. 北京:高等教育出版社,2005.

［9］ 梁宋平. 生物化学与分子生物学实验教程. 北京:高等教育出版社,2003.

［10］ 王镜岩,朱圣庚,徐长法. 生物化学教程. 北京:高等教育出版社,2008.

［11］ Hames B D, Hooper N M. 生物化学. 影印版. 2 版. 北京:科学出版社,2003.

［12］ Garrett R H, *et al.* Biochemistry. 影印版. 3 版. 北京:高等教育出版社,2005.

I　常用基本度量仪器的使用

一、量筒

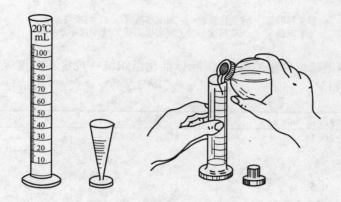

量筒是生物化学实验室最常使用的度量液体体积的仪器之一。它有各种不同的容量,可以根据不同的需要来选用。例如,需要量取 8.0 mL 液体时,如果使用 100 mL 量筒测量液体的体积,就至少有 1 mL 的误差。为了提高测量的准确度,可以换用 10 mL 量筒,此时测量体积的误差可以降低到 0.1 mL。读取量筒的刻度值,一定要使视线与量筒内液面(半月形弯曲面)的最低点处于同一水平线上。否则会增加体积的测量误差。量筒不能做反应器用,不能装热的液体。

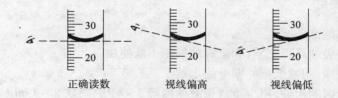

正确读数　　　　　视线偏高　　　　　视线偏低

二、移液管

移液管又名吸管,是用来将一定体积的液体从一个容器移至另一个容器的仪器。

(一)　移液管的分类

1. 容量移液管
(1) 单刻度线容量移液管。
(2) 双刻度线容量移液管。
2. 刻度移液管
(1) 刻度达尖端刻度移液管。
(2) 刻度不达尖端刻度移液管。

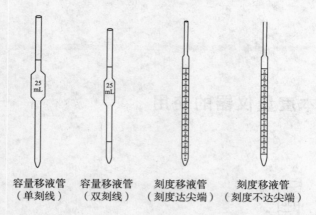

容量移液管　　容量移液管　　刻度移液管　　刻度移液管
（单刻线）　　（双刻线）　（刻度达尖端）（刻度不达尖端）

为便于准确快速地选取所需的吸管,国际标准化组织统一规定在刻度吸管的上方印上各种彩色环,其容积标志如下:

标称容量/mL	色　标	标注方式
0.1	红	单
0.2	黑	单
0.25	白	双
0.5	红	双
1	黄	单
2	黑	单
5	红	单
10	桔红	单
25	白	单
50	黑	单

（二）移液管的使用

1. 使用移液管前的准备

（1）检查移液管尖端是否完整,如果有破损则不能使用。

（2）把移液管洗净,用滤纸把外壁上的水拭干。

（3）除去移液管内的水分,用少量待量液体稀释 3～4 次,每次 2～3 mL(目的是避免管内有水,把量取的液体稀释)。

2. 使用移液管吸取液体

（1）用右手拇指、中指拿住移液管上端,把它的下端插入液体深处,用吸耳球小心吸取液体。

（2）当移液管内的液面上升到稍高于刻度线时,用食指迅速堵紧移液管上口,并把移液管垂直提起,使移液管尖端离开液面,但不要从容器中取出。

（3）视线与标线成水平,左右移动拇指和中指,使移液管在拇指和中指之间移动,但食指仍然轻轻按住管口,液面缓慢下降,到液体弯月面与标线相切时,立即停止转动并按紧食指,使液体不再流出。

3. 使用移液管放出液体

（1）垂直拿移液管,下口靠受液容器的内壁,受液容器与移液管成45°。

（2）放开食指,使液体自由流出。

（3）液体自由流完后,停 10 s 再把移液管拿开。

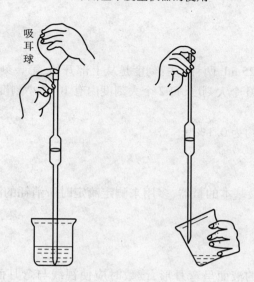

吸耳球

（三）注意事项

在吸取液体和排放溶液的过程中,移液管都要保持垂直,其流液口必须接触倾斜的器壁并保持不动;等待 10 s 后,流尽流液口内残留的一点溶液,除特别注明"吹"字以外,绝不能用外力使其被振出或吹出。另外,移液管用完应放在管架上,不要随便放在实验台上,尤其防止管颈下端被沾污。

三、滴定管

（一）分类

1. 酸式滴定管

下端有玻璃活塞,用来装酸（因为 NaOH 和 KOH 等强碱溶液能腐蚀玻璃,使活塞粘牢,不能转动,故不能装碱溶液）。

2. 碱式滴定管

下端有一橡皮管（用弹簧或玻璃球来控制流量）,用来装碱（不能装与橡皮管起作用的溶液）。

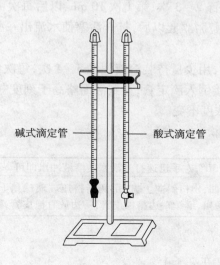

碱式滴定管　　　　　酸式滴定管

（二）精确度

1. 滴定管有 50 mL 和 25 mL 两种（注：刻度是从上部开始，第一刻度为零）。

2. 50 mL 的滴定管有 50 个大刻度，每 2 个大刻度内有 10 个小刻度，故最小刻度值为 0.1 mL，可估读到小数点后第二位。

3. 滴定管的允许误差约为 0.1%。

（三）用途

滴定管是容量分析中最基本的量器，多用来测定滴定时所消耗的溶液体积。

（四）使用

1. 滴定管的读数

（1）液体在滴定管内的液面呈弯月形，读数时应使视线与弯月面最低点处相平，读取与最低点相切的刻度。

（2）有的滴定管后壁有一条乳白底蓝线，在液面处蓝色变细，使读数准确。读法是读液面上下两条蓝线的交点处，若没有白底蓝线，可以用一张白纸为背景，便于读数。

2. 滴定前的准备

（1）滴定管的选择和修理

① 根据要装的液体选择酸式或碱式滴定管。

② 检查滴定管是否漏水。

方法	用酸式滴定管时，关闭活塞，用水充满至"0"线以上，直立约 2 min，观察有无水滴滴下或从活塞隙缝渗出，然后将活塞转 180°，重复以上操作一次。碱式滴定管只需装水直立 2 min 即可
修理	如果发现滴定管漏水或酸式滴定管活塞转动不灵，则碱式滴定管需换玻璃球及橡皮管，酸式滴定管需拆下活塞涂油。涂油时要涂均匀的一薄层，即转动活塞，从外面观察时，全部为透明

（2）蒸馏水洗涤：一共洗涤 2~3 次，第 1 次 10 mL，以后每次可各用 5 mL。洗涤时边转动边倾斜，使水布满全管，并稍微振荡，立起以后，打开活塞使水流出一些冲洗管口，然后关闭活塞，将其余的水从上部管口倒出。

（3）润洗滴定管：滴定前，用少量待装溶液润洗 3~4 次，每次约 5~10 mL。

（4）把溶液由试剂瓶直接倒入滴定管，直到液面略高于刻度"0"为止。不要用漏斗或烧杯，以保证在转移过程中溶液的浓度不变。

（5）出口管中气泡的清除

酸式滴定管	滴定管倾斜约 30°，左手迅速打开活塞使溶液冲出即可
碱式滴定管	橡皮管向上弯曲，出口斜向上方，用两指挤压玻璃球稍上侧边橡皮管，使溶液从出口管喷出，气泡便逸出，继续一边挤橡皮管，一边放直橡皮管，则气泡可以完全除去

3. 滴定管的操作方法

滴定管必须保持垂直地夹在夹子上。

控制溶液流速有 3 种滴加法:连续式滴加、间隙式滴加、液滴悬而不落。

4. 滴定

（1）排出气泡后,调整液面至零刻度线或零刻度以下附近处,记下读数,是为初读数。观察滴定管尖端是否悬有液滴,若有,应除掉。

（2）滴定时锥形瓶口接近滴定管尖端,不断摇动锥形瓶,使溶液混合均匀。

（3）滴定时不应太快,每秒 3~4 滴为宜,滴定将近终点时更要慢,确保每一滴都充分混合均匀。

（4）滴定到终点后,关闭活塞,等 1~2 min 可读数,为终读数。完毕后,剩余液不能倒回原瓶,用少量蒸馏水洗滴定管 2~3 次,装满蒸馏水至"0"以上,用试管罩好。

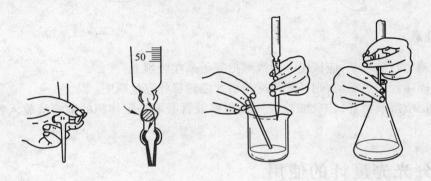

四、容量瓶

（一）构造

1. 有磨口塞子。

2. 细颈上有标线。表示在所指温度(一般为 20 ℃),当液体充满到标线时,液体体积恰好与瓶上所注明的体积相等。

（二）用途

配制一定体积的溶液(只能配制溶液,保存溶液需移到细口瓶中去)。

（三）使用

1. 检查是否漏水

注入自来水至标线附近,盖好盖子,左手按住塞子,右手指尖握住瓶底边缘。把瓶子倒立 2 min,观察有无漏水现象。

2. 将溶液从烧杯转入容量瓶

多次洗涤烧杯,把洗涤液转移入容量瓶中,保证溶质全部转移。

3. 注入蒸馏水

缓慢注入到接近标线 1 cm 处,等 1~2 min,以便黏附在瓶颈上水自然下流。

4. 滴加水至标线(用洗瓶或滴管),注意视线平行标线。

5. 重复倒转容量瓶十余次,使瓶中溶液混合均匀。

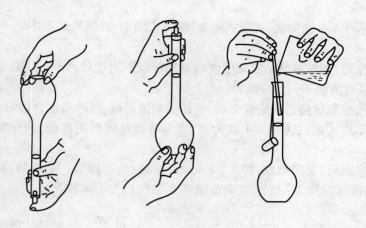

（四）注意

1. 为了避免打破塞子,应该用一根线绳把塞子系在瓶颈上。

2. 假如固体经加热溶解,则必须待冷却后才能转移到容量瓶中。

3. 假如把浓溶液稀释(浓硫酸除外),则用移液管吸取一定体积的浓溶液放入容量瓶中,操作同上。

Ⅱ 分光光度计的使用

实验室常用的有 721 型、722 型、751 型和 752 型分光光度计等。其原理基本相同,只是结构、测量精度、测量范围有所差异。752N 型紫外可见分光光度计由于结构简单、使用方便而被广泛应用于生物化学、环保检测、食品卫生和质量控制及医药卫生等领域。

下面以 752N 型紫外可见分光光度计为例,说明其原理和使用方法。

一、基本原理

物质在光的照射激发下,产生了对光的吸收效应。当一波长一定的单色光通过有色溶液时,光的一部分被溶液吸收,一部分则透过溶液。如果入射光的强度为 I_0,吸收光的强度为 I_a,透过光的强度为 I_t,则:

$$I_0 = I_t + I_a$$

透过光的强度 I_t 与入射光强度 I_0 之比叫做透光率,以 T 表示,它是溶液光程度的度量,其有意义的取值范围为 $0 \sim 1$:

$$T = I_t / I_0$$

透光率的负对数为吸光度:

$$A = -\lg T$$

当一束平行单色光垂直通过某有色溶液时,其能量就会被吸收而减弱,光能量减弱的程度和物质的浓度有一定的比例关系。溶液的吸光度 A 与吸光物质的浓度 c 及液层厚度 b 成正比。这一规律称做朗伯-比耳定律,即:

$$A = Kbc$$

系数 K 是常数。当液层厚度 b 以 cm、吸光物质的质量浓度 c 以 g/L 为单位时,系数 K 就以 a

表示,称为吸光系数。此时朗伯－比耳定律表示为:

$$A = abc$$

吸光系数 a 的单位 $L \cdot g^{-1} \cdot cm^{-1}$。当液层厚度 b 以 cm、吸光物质的浓度 c 以 mol/L 为单位时,系数 K 就以 ε 表示,称为摩尔吸光系数。此时朗伯－比耳定律表示为:

$$A = \varepsilon bc$$

摩尔吸光系数 ε 的单位为 $L \cdot mol^{-1} \cdot cm^{-1}$。它与入射光的波长、溶液的性质、温度等因素有关。当入射光的波长一定、溶液的温度和比色皿(溶液的厚度)均一定时,则吸光度 A 只与溶液的浓度 c 成正比。

溶液对光的吸收有选择性,各种不同的物质都具有其各自的吸收光谱,通常用光的吸收曲线来描述。将不同波长的光依次通过一定浓度的待测溶液,分别测定吸光度,以波长为横坐标,吸光度为纵坐标,所得的曲线为光的吸收曲线。吸收曲线上最大吸收峰处的波长称为最大吸收波长。选最大吸收波长进行测量,光的吸收程度最大,测定的灵敏度和准确度都高。

在测定样品前,首先要做工作曲线,即在样品测定相同的条件下,测量一系列已知准确浓度的标准溶液的吸光度,作出吸光度－浓度曲线,即得工作曲线。测出样品的吸光度后,就可以从工作曲线上求出浓度。

二、752N 型分光光度计的使用方法

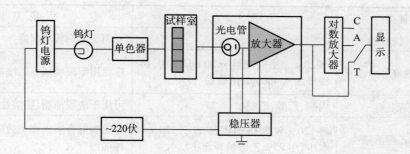

752N 型分光光度计是可见光和紫外光分光光度计,其波长范围为 200 ~ 1 000 nm。在波长为 320 ~ 1 000 nm 范围内用钨灯作光源,在波长为 200 ~ 320 nm 范围内用氢灯作光源。

1. 开机预热

仪器接通电源,微机进行系统自检,LCD 显示窗口显示 752 后,仪器进入工作状态。此时显示窗口在默认的工作模式 T。为使仪器内部达到热平衡,开机预热时间不少于 30 min。

2. 改变波长

通过旋转波长手轮可改变仪器的波长,在波长观察窗的刻度选择所需的波长。

3. 放置参比与待测样品

选择测试用的比色皿(可见光区的检测用玻璃比色皿,紫外光区用石英比色皿),把盛放参比和待测的样品放入样品架内,通过样品架拉杆来选择样品的位置。当拉杆到位时有定位感,到位时轻轻推拉一下以保证定位的正确。

4. 调 0% T、调 100% T/0A

为保证仪器进入正确的测试状态,在仪器改变测试波长和测试一段时间后可通过按 0% 键和 100%/0A 键对仪器进行调零和调满度、吸光度零。

5. 待测样品的测试

6. 记录数据

Ⅲ 玻璃仪器的洗涤和干燥

一、玻璃仪器的洗涤

生物化学实验中,如用不干净的玻璃仪器进行实验,往往由于污物和杂质的存在,得不到正确的结果。因此,必须注意玻璃仪器的洗涤。

洗涤后的玻璃仪器要求清洁透明,水沿内壁能自然流下,内壁均匀润湿且无水条纹,不挂水珠。

实验中常用的烧杯、锥形瓶等一般玻璃仪器可先用毛刷蘸去污粉或合成洗涤剂刷洗,再用自来水冲洗,然后用蒸馏水或去离子水润洗 2～3 次。

滴定管、移液管、容量瓶等具有精确刻度的仪器,视其脏污程度,选择合适的洗涤液和洗涤方法(见下表)。倒少量洗涤液于容器中,摇动几分钟后倒出,然后用自来水冲洗干净,再用蒸馏水或去离子水润洗几次。

实验室常用的洗涤剂及其适用范围

洗涤剂种类	配　　方	适 用 范 围
合成洗涤剂(洗衣粉)	—	可用于洗刷玻璃仪器
铬酸洗液	将 20 g 重铬酸钾溶于 20 mL 水中,再缓慢加入 400 mL 浓硫酸	广泛用于玻璃仪器的洗涤
有机溶剂	丙酮、乙醇、乙醚	可用于洗脱油脂、脂溶性染料等污痕
氢氧化钠的乙醇溶液	将 120 g 氢氧化钠固体溶于 120 mL 水中,用95% 乙醇稀释至 1 L。	在铬酸混合液洗涤无效时,用于清洗各种油污
含高锰酸钾的氢氧化钠溶液	4 g 高锰酸钾溶于少量水中,再加入 100 mL 100 g/L 氢氧化钠溶液	清洗玻璃器皿内的油污或其他有机物质

二、玻璃仪器的干燥

1. 加热烘干

一般的玻璃仪器洗净后可以放在电烘箱(温度控制在 105 ℃左右)或红外干燥器中烘干。玻璃仪器在进烘箱前应尽量将水倒干。

2. 吹干

带有刻度计量的玻璃仪器不能用加热烘干的方法干燥,可用电吹风或气流烘干器吹 1～2 min 冷风,待大部分水蒸发后吹入热风至干燥,然后再用冷风吹去残余的蒸气。

3. 对于不急用的仪器,洗净后放在通风干燥处自然晾干

IV　溶液的配制

一、一般溶液的配制

1. 用固体试剂配制溶液

质量浓度溶液的配制：算出配制所需质量浓度溶液的固体试剂的用量和蒸馏水量，用电子天平称取所需的固体试剂，放入烧杯中，再用量筒量取所需的蒸馏水注入同一烧杯中并搅拌，使固体完全溶解。将溶液倒入试剂瓶中，贴上标签，即得到所需质量浓度的溶液。

物质的量浓度溶液的配制：算出配制一定体积的溶液所需的固体试剂的用量，用电子天平称取所需的固体试剂，放在烧杯中，加入少量的蒸馏水搅拌，使固体完全溶解后转入容量瓶中，用蒸馏水稀释至刻度。将溶液倒入试剂瓶中，贴上标签，即得到所需的物质的量浓度溶液（此溶液经标准溶液标定后可作为标准溶液）。

2. 用液体（或浓溶液）配制溶液

体积比溶液的配制：按体积比，用量筒量取液体（或浓溶液）和溶剂的用量，按一定方法在烧杯中将两者混合并搅拌均匀。将溶液转移到试剂瓶中，贴上标签，即得到所需的体积比溶液。

物质的量浓度溶液的配制：从有关的表中查出液体（或浓溶液）相应的质量浓度、相对密度，算出配制一定体积的物质的量浓度所需要的液体（或浓溶液）的量。用量筒量取所需的液体（或浓溶液），加到装有少量水的烧杯中混匀。如果溶液发热，需冷却至室温后再将溶液转移到相应的容量瓶中，用蒸馏水定容，然后移入试剂瓶中，贴上标签，即得到所需的物质的量浓度溶液（此溶液经标准溶液标定后可作为标准溶液）。

二、标准溶液的配制

1. 用固体试剂（基准物）配制标准溶液

算出一定体积的标准溶液所需的固体试剂的量，并在分析天平上准确称取它的质量，将其放在干净的烧杯中，加适量蒸馏水使其完全溶解。将所配溶液转移到容量瓶中，用少量蒸馏水洗净烧杯 2~3 次，冲洗液也转入容量瓶中，再加蒸馏水至标准线，塞上塞子，将溶液摇匀后转入试剂瓶中，贴上标签，即得到所需的标准溶液。

2. 用较浓标准溶液配制较稀标准溶液

算出配制标准溶液所需已知标准溶液的用量，再用吸管量取已知用量的标准溶液放入给定体积的容量瓶中，加蒸馏水至刻度，摇匀，倒入试剂瓶中，贴上标签，即得到所需的标准溶液。

V　酸碱溶液的标定

酸碱滴定法又叫中和法，是滴定分析法的一种，它是以酸碱反应为基础的滴定分析法。在酸碱滴定中，常用盐酸和氢氧化钠溶液作为滴定剂。由于浓盐酸易挥发，氢氧化钠易吸收空气中的水和二氧化碳，故采用此类滴定剂直接配制无法保证准确，只能配制成近似浓度的溶液，再用标准溶液或基准物标定其浓度。

一、用草酸标准溶液标定氢氧化钠溶液的浓度

1. 滴定前的准备

取一只洁净的酸式滴定管用蒸馏水淋洗 3 次,再用标准草酸溶液淋洗 3 次,注入标准的草酸溶液到"0"刻度处。取一支洁净的吸管用蒸馏水淋洗 3 次,再用待测浓度的氢氧化钠溶液淋洗 3 次,用移液管吸取 25.00 mL 待测浓度的氢氧化钠溶液到洁净的锥形瓶中,加 2 ~ 3 滴甲基橙指示剂,摇匀。

2. 滴定

右手持锥形瓶颈部 ,左手大拇指、食指、中指转动旋塞,让酸液逐滴滴入瓶内,右手不断摇动锥形瓶,使溶液混合均匀。滴定刚开始时,液体滴出速度可稍快一些,但只能是一滴一滴地加,不可形成一股液流。酸液滴入碱液中时,局部会出现橙色,随着摇动橙色很快消失。当接近终点时,橙色消失较慢,此时应逐滴加入酸液,每加一滴酸液,都要将溶液摇动均匀,注意橙色是否消失,直到滴入一滴草酸溶液,瓶内溶液恰好由黄色变为橙色,即达到滴定终点,记下滴定管液面的读数。重复滴定两次,将三次所用草酸的体积取平均值,计算氢氧化钠溶液的浓度。

二、用已知浓度的碱液(或基准物)标定盐酸溶液的浓度

1. 滴定前的准备

碱式滴定管经洗涤、装液,逐出橡皮管和尖嘴内的气泡后,调节液面至"0"刻度位置。用移液管吸取 25.00 mL 待测的盐酸溶液,放入洁净的锥形瓶中,加入 2 滴酚酞指示剂。

2. 滴定

将锥形瓶放在滴定管下面,右手持锥形瓶,左手挤压橡皮管内的玻璃球滴定氢氧化钠标准溶液,当瓶内溶液恰好由无色变为红色时即达终点,记下滴定管液面的位置。再取待测浓度的盐酸溶液,用氢氧化钠标准溶液重复滴定两次。取三次所用氢氧化钠溶液体积的平均值计算盐酸溶液的浓度。

Ⅵ 一般化学试剂的规格

质量序号	1	2	3	4	5
等级	一级品	二级品	三级品	四级品	
中文标志	保证试剂	分析试剂	化学试剂	化学用	生物试剂
	优级纯	分析纯	化学纯	实验试剂	
符号	G. R.	A. R.	C. P.	L. R.	B. R. 或 C. R.
标签颜色	绿	红	蓝	棕色	黄
用途	适用于最精确的分析工作和研究工作	用于精确的微量分析,为分析实验室示范使用	用于一般的工业分析	适用于一般的定性分析	根据说明使用
备注	纯度最高,杂质最少	纯度较高,杂质含量较少	质量略低于分析纯	质量较低	

VII 常用缓冲溶液的配制方法

一、邻苯二甲酸氢钾 – 盐酸缓冲液（0.05 mol/L）

x mL 0.2 mol/L 邻苯二甲酸氢钾溶液与 y mL 0.2 mol/L HCl 溶液混合，再加水稀释到 20 mL。

pH(20 ℃)	x	y	pH(20 ℃)	x	y
2.2	5	4.670	3.2	5	1.470
2.4	5	3.960	3.4	5	0.990
2.6	5	3.295	3.6	5	0.597
2.8	5	2.642	3.8	5	0.263
3.0	5	2.032			

邻苯二甲酸氢钾 $M_r = 204.23$，0.2 mol/L 邻苯二甲酸氢钾溶液为 40.85 g/L。

二、磷酸氢二钠 – 柠檬酸缓冲液

pH	0.2 mol/L Na$_2$HPO$_4$ 溶液/mL	0.1 mol/L 柠檬酸/mL	pH	0.2 mol/L Na$_2$HPO$_4$ 溶液/mL	0.1 mol/L 柠檬酸/mL
2.2	0.40	19.60	5.2	10.72	9.28
2.4	1.24	18.76	5.4	11.15	8.85
2.6	2.18	17.82	5.6	11.60	8.40
2.8	3.17	16.83	5.8	12.09	7.91
3.0	4.11	15.89	6.0	12.63	7.37
3.2	4.94	15.06	6.2	13.22	6.78
3.4	5.70	14.30	6.4	13.85	6.15
3.6	6.44	13.56	6.6	14.55	5.45
3.8	7.10	12.90	6.8	15.45	4.55
4.0	7.71	12.29	7.0	16.47	3.53
4.2	8.28	11.72	7.2	17.39	2.61
4.4	8.82	11.18	7.4	18.17	1.83
4.6	9.35	10.65	7.6	18.73	1.27
4.8	9.86	10.14	7.8	19.15	0.85
5.0	10.30	9.70	8.0	19.45	0.55

Na$_2$HPO$_4$ $M_r = 141.98$，0.2 mol/L Na$_2$HPO$_4$ 溶液为 28.40 g/L。

Na$_2$HPO$_4 \cdot$ 2H$_2$O $M_r = 178.05$，0.2 mol/L Na$_2$HPO$_4 \cdot$ 2H$_2$O 溶液为 35.61 g/L。

C$_6$H$_8$O$_7 \cdot$ H$_2$O $M_r = 210.14$，0.1 mol C$_6$H$_8$O$_7 \cdot$ H$_2$O 溶液为 21.01 g/L。

三、柠檬酸－氢氧化钠－盐酸缓冲液

pH	钠离子浓度/(mol/L)	柠檬酸/g	97%氢氧化钠溶液/g	浓盐酸/mL	最终体积/L
2.2	0.20	210	84	160	10
3.1	0.20	210	83	116	10
3.3	0.20	210	83	106	10
4.3	0.20	210	83	45	10
5.3	0.35	245	144	68	10
5.8	0.45	285	186	105	10
6.5	0.38	266	156	126	10

使用时可向每升混合液中加入 1 g 酚,若最后 pH 有变化,再用少量 500 g/L 的氢氧化钠溶液或浓盐酸调节,置冰箱中保存。

四、磷酸氢二钠－磷酸二氢钠缓冲液 (0.2 mol/L)

pH	0.2 mol/L Na$_2$HPO$_4$ 溶液/mL	0.2 mol/L NaH$_2$PO$_4$ 溶液/mL	pH	0.2 mol/L Na$_2$HPO$_4$ 溶液/mL	0.2 mol/L NaH$_2$PO$_4$ 溶液/mL
5.8	8.0	92.0	7.0	61.0	39.0
5.9	10.0	90.0	7.1	67.0	33.0
6.0	12.3	87.7	7.2	72.0	28.0
6.1	15.0	85.0	7.3	77.0	23.0
6.2	18.5	81.5	7.4	81.0	19.0
6.3	22.5	77.5	7.5	84.0	16.0
6.4	26.5	73.5	7.6	87.0	13.0
6.5	31.5	68.5	7.7	89.5	10.5
6.6	37.5	62.5	7.8	91.5	8.5
6.7	43.5	56.5	7.9	93.0	7.0
6.8	49.0	51.0	8.0	94.7	5.3
6.9	55.0	45.0			

Na$_2$HPO$_4$ · 2H$_2$O M_r = 178.05,0.2 mol/L Na$_2$HPO$_4$ · 2H$_2$O 溶液为 35.61 g/L。

Na$_2$HPO$_4$ · 12H$_2$O M_r = 358.22,0.2 mol/L Na$_2$HPO$_4$ · 12H$_2$O 溶液为 71.64 g/L。

NaH$_2$PO$_4$ · H$_2$O M_r = 138.01,0.2 mol/L NaH$_2$PO$_4$ · H$_2$O 溶液为 27.6 g/L。

$NaH_2PO_4 \cdot 2H_2O$ $M_r = 156.03$，0.2 mol/L $NaH_2PO_4 \cdot 2H_2O$ 溶液为 31.21 g/L。

五、Tris – 盐酸缓冲液(0.05 mol/L 25 ℃)

50 mL 0.1 mol/L Tris 溶液与 x mL 0.1 mol/L 盐酸混合，再加水稀释到 100 mL。

pH	x/mL	pH	x/mL
7.10	45.7	8.10	26.2
7.20	44.7	8.20	22.9
7.30	43.4	8.30	19.9
7.40	42.0	8.40	17.2
7.50	40.3	8.50	14.7
7.60	38.5	8.60	12.4
7.70	36.6	8.70	10.3
7.80	34.5	8.80	8.5
7.90	32.0	8.90	7.0
8.00	29.2	9.00	5.7

三羟甲基氨基甲烷 $M_r = 121.14$，0.1 mol/L Tris 溶液为 12.114 g/L。

六、甘氨酸 – 氢氧化钠缓冲液(0.05 mol/L)

x mL 0.2 mol/L 甘氨酸 + y mL 0.2 mol/L 氢氧化钠加水稀释到 200 mL。

pH	x	y	pH	x	y
8.6	50	4.0	9.6	50	22.4
8.8	50	6.0	9.8	50	27.2
9.0	50	8.8	10.0	50	32.0
9.2	50	12.0	10.4	50	38.6
9.4	50	16.8	10.6	50	45.5

甘氨酸 $M_r = 75.07$，0.2 mol/L 溶液为 15.01 g/L。

七、磷酸氢二钠 – 氢氧化钠缓冲液

50 mL 0.05 mol/L 磷酸氢二钠与 x mL 0.1 mol/L 氢氧化钠，加水稀释到 100 mL。

pH	x	pH	x	pH	x
10.9	3.3	11.3	7.6	11.7	16.2
11.0	4.1	11.4	9.1	11.8	19.4
11.1	5.1	11.5	11.1	11.9	23.0
11.2	6.3	11.6	13.5	12.0	26.9

$Na_2HPO_4 \cdot 2H_2O$ $M_r = 178.05$，0.05 mol/L 溶液为 8.90 g/L。
$Na_2HPO_4 \cdot 12H_2O$ $M_r = 358.22$，0.05 mol/L 溶液为 17.91 g/L。